JN088190

現場で使える

Googleタグマネージャー 実践入門

神谷 英男、石本 憲貴、礒崎 将一［著］　小川 卓［監修］

マイナビ

本書のサポートサイト

Googleタグマネージャーのタグ設定のための画面が変更されています。
これに伴い、本書の内容を読み替えていただきたい箇所について、以下のサポートサイトに掲載しています。
その他、本書の補足情報や訂正情報などを掲載しています。適宜ご参照ください。

https://book.mynavi.jp/supportsite/detail/9784839979065.html

はじめに

「Google タグマネージャーを勉強したいけど、どうすればいいかわからない。」

日常の業務のなかで、クライアント様やセミナーの受講生様からこのようなご相談が数多く寄せられています。

インターネットで検索すると、Google タグマネージャーの活用事例や設定方法はある程度公開されているので、基本的なことは十分学習できます。しかし、Google アナリティクスと比較すると、Google タグマネージャーの普及はまだそれほど進んでいません。それでは何が普及を阻害しているのでしょうか？

私がここ数年でさまざまな相談者様の状況を観察したところ、ある1つの仮説が浮かびました。それは、「気軽に学習できる環境がない」ということです。

例えば、Google アナリティクスでは、Google が提供しているデモ環境があるため、学習者自身がウェブサイトを準備できなくても基礎を勉強することができます。Google タグマネージャーでは、こうしたデモ環境がないため、必然的に既存のウェブサイトをベースに学習を進めていく必要があります。

ただ、Google タグマネージャーは設定を間違えるとデータが計測できなかったり、誤ったデータが送信されたりすることがあるので、クライアント様のウェブサイトで学習や実験をするわけにはいきません。

また、ご自身でウェブサイトを運営している場合は良いのですが、これから学習する方の多くが自身のウェブサイトを保有していない状況にあります。この場合、無料のレンタルブログや有料のレンタルサーバーを借りて、ウェブサイトを構築するという手間が発生します。しかも、ただ作ればいいという訳ではなく、実際に即したウェブサイトになるまで作り込まなければ学習できる内容も限定されてしまいます。

このように、Googleタグマネージャーの学習前にやるべきことが多いため、心が折れてしまうのです。

　本書のコンセプトは、「誰でも気軽に実践的なGoogleタグマネージャーを学習できるようにすること」です。

　既存の書籍とは異なる最も大きなポイントは、前述の学習環境の課題を解決する、デモ環境の構築方法を紹介することです。これによって、ウェブサイトを所有していない初学者の方がミスを気にせずトライアンドエラーができる環境が整います。また、もう1つのポイントは「実践的」であることです。本書では、辞書やチュートリアルのようにGoogleタグマネージャーの機能を一つひとつ網羅的にカバーするのではなく、実際の現場でよく使われる事例を厳選して紹介しています。そのため、一般的に利用することが少ない機能については触れていません。まずは皆様の基礎となる雛形を学習していただいて、Googleタグマネージャーの幹の部分をじっくりと育ててください。そうすることで、自分自身で応用的な使い方を設定したり、調べたりすることが自然とできるようになります。

　マーケターとテクノロジーの両方を理解して、双方の橋渡しや融合によるシナジーを生み出すプロフェッショナルを「マーケティングテクノロジスト」と呼びます。まだ認知が進んでいない専門職ですが、今後はそのニーズや必要性がますます高まることが予想されます。Googleタグマネージャーはマーケティングテクノロジストを目指す方の第一歩に最適なツールです。また、ユニバーサルアナリティクスは2023年7月1日に計測終了となることが公式に発表されました。今後はGA4への移行が進み、GA4の可能性を最大限に活かすためには、Googleタグマネージャーのスキルがこれまで以上に求められます。本書が最初の足がかりとしてお役に立てれば、これに勝る喜びはありません。

　本書が皆様のスキルアップや事業の成果に貢献できることを、心より願っております。

2022年6月
著者を代表して　神谷 英男

Contents

Chapter 5 現場で使える逆引きレシピ 基本編

監修者プロフィール

小川 卓（おがわ たく）

株式会社HAPPY ANALYTICS代表取締役

ウェブアナリストとしてリクルート、サイバーエージェント、アマゾンジャパン等で勤務後、独立。複数社の社外取締役、大学院の客員教授などを通じてウェブ解析の啓蒙・浸透に従事。
主な著書に『ウェブ分析論』『ウェブ分析レポーティング講座』『マンガでわかるウェブ分析』『Webサイト分析・改善の教科書』『あなたのアクセスはいつも誰かに見られている』『「やりたいこと」からパッと引ける Googleアナリティクス 分析・改善のすべてがわかる本』など。

著者プロフィール

礒崎 将一（いそざき まさかず）
[Chapter 1、3、4担当]

オーシャンズ株式会社 代表取締役、ウェブ解析士マスター

関西学院大学文学部卒業。大手広告代理店、ネット広告代理店を経て、オンライン、オフライン両方のマーケティングの実務経験を持ち50社以上の案件に関わる。「頭より心を使う」ことを信念としたオーシャンズ株式会社を2021年に設立。アクセス解析、ネット広告、サイト改善等を中心に企業のデジタルマーケティング支援やデジタルマーケティング研修を実施。

石本 憲貴（いしもと のりたか）
[Chapter 4、5、Appendix担当]

株式会社トモシビ 代表取締役、ウェブ解析士マスター/AJSA認定 SEOコンサルタント

関西大学法学部法律学科卒業。『「勝てるWEB戦略」をモットーにしたコンサルティング業』として、アクセス解析／SEO対策／ウェブサイト・LP制作／広告運用など、累計100社以上の支援実績。企業研修・セミナーなどの講師活動と併せて、最前線で実作業もこなす現役プレーヤーとして活動中。

神谷 英男（かみや ひでお）
[Chapter 2、6、Appendix担当]

マーチコンサルティング代表、ウェブ解析士マスター

関西大学総合情報学部総合情報学科卒業。大阪産業創造館、大阪商工会議所の登録専門家として、新規創業・中小企業等のデジタルマーケティングの改善を200件以上支援。専門分野はGoogleタグマネージャーによるデータ取得環境の構築、ウェブサイトの総合診断、戦略策定、改善提案。現在は関東と関西の2拠点を中心に活動中。ウェブ解析士アワード通算5回受賞。

協力者

石川 栄和（いしかわ ひでかず）

本書の発行にあたり、WordPressのテーマの使用許諾をいただきました。この場を借りて御礼申し上げます。

江尻 俊章（えじり としあき）

本書の発行にあたり、ウェブ解析士協会の環境を利用させていただきました。この場を借りて御礼申し上げます。

斉藤 陽子（さいとう ようこ）

本書の発行にあたり、校正にご協力いただきました。この場を借りて御礼申し上げます。

Chapter 1

Googleタグマネージャーとは

Chapter 1では、本書のテーマであるGoogleタグマネージャーの概要や基礎知識について解説します。Googleタグマネージャーとはどのようなツールなのか、導入すると何ができるのか、どのような特徴があるのかなどを理解することで導入後のイメージがしやすくなります。

Googleタグマネージャーの導入メリット

Googleタグマネージャー(以下、GTM)はGoogleが2012年にベータ版として公開して以降、無償で利用できるGoogleのタグマネージメントツールです。一般的にGTMと略称で呼ばれています。タグマネージメントツールとは「さまざまなタグを一元管理できるツール」のことを指します。

例えば、Googleアナリティクス(以下、GA)とYahoo!広告を利用したい場合、従来であればGAとYahoo!広告のタグを一つひとつWebページのHTML上に記述する必要がありました。しかし、GTMを利用することで、GTMのマスタータグ1つをWebページのHTMLに記述するだけで、GAとYahoo!広告を利用できます。

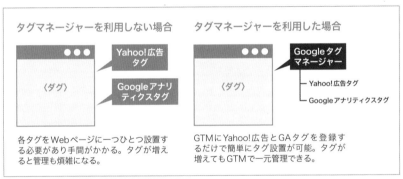

図1-1-1　Webページへの複数のタグ設置

そしてGTMの最大の特徴はGoogleプロダクトとの親和性です。とくにGAの機能を最大限活用できます。GTM管理画面からGoogleプロダクトのタグがすぐに選択できたり、Googleアナリティクス4(以下、GA4)の導入も簡単にできたりします。

図1-1-2　GTMの新規タグ作成画面

　GTMの新規タグ作成画面では「おすすめ」として、GAタグやGoogle広告など Googleプロダクトの各種タグがすぐに選択できるようになっています。

図1-1-3　Googleアナリティクス：GA4設定

　GTMを利用すれば、GA4の測定IDを登録するだけでGA4が簡単に導入できます。

「ワンタグ」によるタグの一元管理

　GTMはマスタータグのみで、複数のタグを一元管理できる「ワンタグ」と呼ばれる手法が大きな特徴です。これはGTMだけでなく、タグマネージメントツールの一般的な特徴となります。複数のタグを一元管理できることによって、具体的には次のメリットがあります。

簡単にタグの追加・削除ができる

　タグを追加設置する際は、通常HTMLファイルの編集が必要です。また、Webサイトを社外の制作会社に外注している場合や他部署の担当者が管理している場合、タグの追加や削除は制作会社や他部署の担当者に依頼する必要があります。そのため、実装までにコストがかかったり、時間がかかったりすることが課題でした。しかし、GTMを導入することでHTMLファイルの編集をすることなく、管理画面上で自らタグの実装や削除を簡単に行えるようになりました。

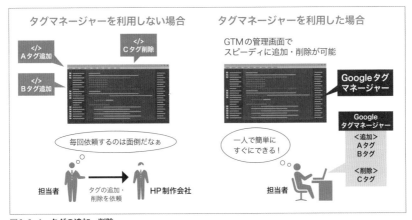

図1-1-4　**タグの追加・削除**

複数のタグが管理しやすくなる

　タグの設置が増え続けることで起こる課題は、どのページにどのタグが設置されているのか把握しにくくなることです。担当者が変更になったことで、どのページに何のタグが設置されているのか把握できなくなったということはよくあります。タグの管理不足によって利用していない古いタグがたくさん設置されていたり、特

定のページにタグの設置漏れがあったりという不具合が発生します。GTMを利用することで、どのタグが、どのページに設置されているか、管理画面上で確認できるようになります。

図1-1-5　複数のタグの一元管理

Webページの動作の不具合リスクが減る

多くのタグをWebページのHTMLに記述することで、ページの表示が遅くなったり、サイトの動作が遅くなったりするといった不具合が発生します。Webページが読み込まれる際に設置したタグが挙動（発火）しますが、タグの数が少ない場合はとくにWebページへの影響はありません。しかし、数十、数百のタグになるとWebサイトの表示スピードや動作に弊害を与える可能性が高くなります。GTMを利用することで多くのタグを実装しても、Webサイトのパフォーマンスを下げることなくタグを設置できます。これがGTMの特徴の1つと言えます。

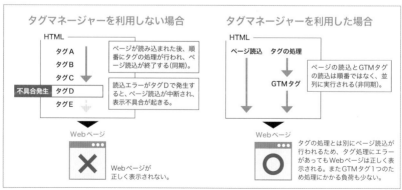

図1-1-6　タグ設置におけるページ読込への影響

イベントトラッキングが簡単にできる

GTMのもう1つの特徴はイベントトラッキングという設定を活用して、閲覧ユーザーのページ内の行動計測ができることです。そもそも、GAは原則としてページビュー単位の計測しかできません。閲覧しているページ内の行動は計測できないのです。例えばサイト訪問後に、記事に興味をもってページの最後までしっかり読み込んで離脱したAさんと、サイト訪問したものの記事に興味を持たず、すぐに離脱したBさんではGAの計測上は同じ「直帰」扱いになります。興味関心の高いAさんの行動はGA上では計測できないのです[※1]。

では、Aさんのような興味関心の高いユーザーの行動をGAでは計測できないかというと、そうではありません。イベントトラッキングという設定を行うことで、ページ記事の読了やボタンのクリック、PDFファイルのダウンロードなどのページ内の行動をGAで計測できるのです。しかしGTMが登場する前は、イベントトラッキングを行うにはHTMLファイルにイベントトラッキングの記述を行う必要があり、タグ追加・削除同様にイベントトラッキングの記述を制作会社やシステム担当者へ依頼する手間の課題がありました。GTMを利用することで、HTMLファイルを編集することなく、管理画面上で自らイベントトラッキングを簡単に行えるようになったのです。

ボタンタップ
スクロール
PDFダウンロード
動画視聴

GTMを利用することで容易にイベントトラッキング計測が可能に。

図1-1-7　**イベントトラッキング計測**

※1　ユニバーサルアナリティクスの場合。

ユーザーの行動データを他ツールへ接続

　さらにページ内の行動データを他ツールに活かすこともできます。例えば、特定のページを閲覧したユーザーに広告配信する手法としてGoogleリマーケティング広告という手法がありますが、GTMを利用することでさらにリマーケティング広告の精度を高めることができます。GTMで特定のページを閲覧、かつ、80%以上スクロールしたユーザー行動を計測することで、特定ページの記事を80%以上閲覧したユーザーに対してリマーケティング広告を配信できます。また、GTMで計測した行動データは広告以外にも、マーケティングオートメーションツールやLPO・EFOツールなどに接続できます。まさに、GTMをマスターすることは、デジタルマーケティングの土台を築くことと言えます。

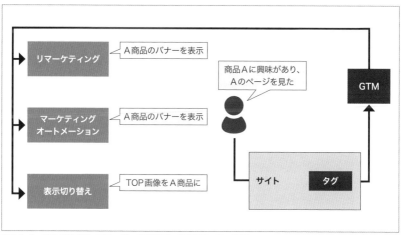

図1-1-8　**GTMを活用してユーザーの行動データを他ツールへ連携**

Googleタグマネージャーの三大要素 (タグ・トリガー・変数)

　さて、ここまでGTMとは何か、GTMを使って何ができるようになるのか、GTMの概要について解説しました。ここからはもう1歩踏み込んで、GTMの操作で必要となる「タグ」「トリガー」「変数」の3つの概念について説明をします。「タグ」「トリガー」「変数」はGTMを構成する三大要素となります。GTMに触れたことがない人にとっては耳慣れないフレーズかもしれませんが、それほど難しくはありません。それぞれの概念を理解することで、GTMの操作がイメージしやすくなりますので、しっかり覚えていきましょう。

タグ

　デジタルマーケティングに関わっている人にとって「タグ」という言葉は、よく使う言葉ではないでしょうか？　タグは直訳すると「札」「荷札」の意味です。ウェブ業界では、「<>」で囲まれたHTMLファイルに記述するコードのことをタグと呼びます。

　また、GAや広告タグのようなデジタルマーケティングで使用するタグはJavaScriptをHTMLに埋め込んだコードを指します。GTMで使う「タグ」も同様の意味です。GTMで行う「タグ設定」とは、GTMで管理する各種タグを登録する作業のことと覚えておきましょう。

図1-2-1　**GTMのタグ画面**

トリガー

　「トリガー」とは直訳すると、「引き金」のことです。設定したタグを発動させるための「条件を設定する」ことと覚えておきましょう。例えば、サイト全ページのページビュー計測をGAで行う場合は「ページビュー」というトリガータイプを「全ページ」に発生させるという登録を行います。特定のページのボタンクリックを計測したい場合は、トリガータイプを「クリック」にしてボタンの情報（CSSセレクタなど）と「特定ページのみ」で発生させるという登録を行います。「トリガータイプ」など、少し難しい言葉が出てきていますが、Chapter 4で詳しく説明しますので、ここでは「トリガーはタグを発動させるための条件設定」という概念を理解するだけで大丈夫です。トリガーで発動条件を設定できたら、発動させるタグを選択し、組み合わせることで設定は完了します。ちなみに、タグが動作することをデジタルマーケティングの用語で「タグが発火した」と呼びます。合わせて覚えておくとよいでしょう。

図1-2-2　**GTMのトリガー画面**

変数

　「変数」とは直訳すると「動的な値」という意味になりますが、GTMの場合はウェブサイトなどで入力された値に対して、固有の名前を付けたものです。「Page URL」というGTMの変数がありますが、「Page URL」を登録することで現在のウェブページの URL を返します。例えば、ボタンをクリックして遷移するリンク先のURLを取得したい場合、すべての遷移先にURLを設定するのは大変です。仮にすべてのURLを設定したとしても、後日リンク先URLが追加されたり、削除されたりする可能性も十分にあります。そのような場合は、「変数」を使ってトリガーの条件を設定することが良いでしょう。遷移先のページのURLを自動的に取得できます。

　また「変数」にはあらかじめ用意された「組み込み変数」と、ユーザー側で新規に設定できる「ユーザー定義変数」の2種類があります。少し難しい言葉が出てきましたが、トリガーと同様、Chapter 4で詳しく説明をするので、ここでは動的な値を「変数」という箱に入れて登録するという概念だけを理解してください。

図1-2-3　GTMの変数画面

Chapter 2

学習環境の構築

Googleタグマネージャーを学習するためにはウェブサイトが必要ですが、サーバーやドメインなどを有償で契約する必要があります。無償で済ませる場合は無料のレンタルブログに登録する方法もありますが、学習範囲が限定されてしまいます。

Chapter 2では、無償かつ幅広い学習を可能にするための環境構築について説明します。ご自身でウェブサイトをお持ちでない方はぜひ導入することをおすすめします。

2-1

Google タグマネージャーの学習環境

　Google タグマネージャー(以下、GTM)を学習するためには、大きく分けて下記の3つの方法が挙げられます。

① 自分のウェブサイトに導入する

　すでに自分のウェブサイトを運用している方はとくに問題はありませんが、例外がいくつか存在します。例えば、ウェブサイトを簡単に構築できるサービスを利用している場合、サービスによってはGTMを導入できないことや、無料版から有料版に切り替えることで導入できる場合があります。GTMを導入する場合は、事前にご利用のサービスの仕様をご確認ください。

② 無料のブログサービスに導入する

　無料で手軽に始めるということであれば、無料のレンタルブログサービスを利用する方法があります(GTMが導入できないブログサービスもあります)。デメリットを挙げるとすれば、サービスの中で決められた型のページしか作成できないため、GTMが学習できる範囲が限定されてしまう点が挙げられます。

③ 勤務先・クライアントのウェブサイトに導入する

　これは自分の勤務先やクライアントのウェブサイトにGTMを導入する、もしくはすでに導入・運用されているケースです。とくに後者の場合は、運用ルールなどが決まっていたり、社内の人に不明点を聞ける環境だったりする場合が多いです。ただ、自分が所有しているウェブサイトではないため、トライアンドエラーやチャレンジなどの試みが気軽にできない側面もあります。

　Googleアナリティクス(以下、GA)と比べると、GTMが導入されている割合はかなり低いのが現状です。原因は色々と考えられますが、「気軽に、無料で、失敗しても大丈夫な学習環境がない」が1つ挙げられるでしょう。

　また、さまざまなウェブサイトでGTMの機能やノウハウが紹介されていて、検索すればそれなりの情報は集まりますが、「すでにGTMを導入するためのウェブサイトをもっている」という前提で話がされているため、その前でつまずいている場

合は先に進めません。

　そこでChapter 2では、無料で導入が可能であり、ブログサービスのように型の制約を受けることなく幅広い学習が可能な環境構築について説明します。

　また、本書のChapter 3〜7の内容は、Chapter 2で作成する学習環境を元に解説しています。そのため、ご自身でウェブサイトを所有している場合でも、一旦はChapter 2のデモ環境を構築することを推奨します。

図2-1-1　**Chapter 2で作成する学習環境**

2-2

LOCALのインストール

　まず、本来ならば有料で契約する必要のあるレンタルサーバーの代わりに、パソコンの中でその機能を実現するために、「LOCAL（ローカル）」というツールを利用します。

　LOCALは、WordPressのローカルの開発環境を簡単に構築できるツールです。厳密に説明すると長くなるので、わかりやすく言い換えると「ウェブサイトやブログを作るツールを、インターネットで公開する前に、制作作業やテスト作業をパソコンの中でできる環境を簡単に作れるツール」となります。また、WindowsとMacのどちらでも無料でインストールできます。ウェブサイトの制作や開発をする方が利用することが多いですが、今回はGTMの学習環境をLOCALで構築してみましょう。

1. 下記のURLにアクセスして、画面右上の「Download」をクリックしてください。

LOCAL ウェブサイト URL
https://localwp.com/

図2-2-1　**LOCALウェブサイト**

2. 入力項目が複数表示されるので、それぞれの項目を入力して「GET IT NOW!」をクリックしてください。

Please choose your platform：ご利用のOSを選択（Windows、Mac、Linux）
First Name：名を入力（例：Taro）
Last Name：姓を入力（例：Kaiseki）
Work Email：メールアドレスを入力（例：taro.kaiseki@waca.world）
Phone Number：電話番号を入力（例：090XXXXXXXX）

図2-2-2　**LOCALのダウンロード**

3. LOCALをパソコンにインストール後に、アプリを立ち上げた後の最初の画面で、「+ CREATE A NEW SITE」をクリックしてください。

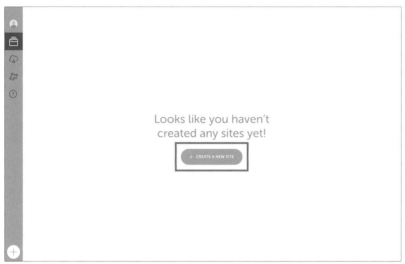

図2-2-3　**LOCAL起動時の画面**

4.「What's your site's name」の画面で複数の入力項目が表示されるので、下記の通り入力して「CONTINUE」ボタンをクリックしてください。

一番上の入力項目：デモ環境のドメイン名（例：www.waca.world）
Local the domain：一番上の入力項目と同じドメイン名（例：www.waca.world）

　ドメイン名は任意のものを自由に入力しても大丈夫です。ただし、ドメイン名末尾のトップレベルドメイン（.com、.net、.jpなど）は架空のものではなく実在するものを入力してください。架空のトップレベルドメイン（.aiueo1234など）でデモ環境を構築すると、後にGAでユニバーサルアナリティクスのプロパティを作成する際にエラーが表示されます（GA4のプロパティのみを作成する場合は問題ありません）。

　また、一番上の入力項目にドメイン名を入力すると、「Local the domain」にも自動でドメイン名が入力されますが、「.（ドット）」が削除されているので、「.（ドット）」を手入力して「CONTINUE」ボタンをクリックしてください。

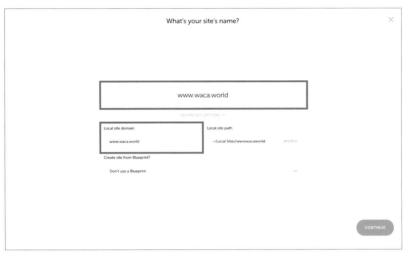

図2-2-4　**What's your site's nameの画面**

5. 「Choose your environment」の画面で、最初から「Preferred」が選択され
ている状態となります。このまま「CONTINUE」ボタンをクリックしてください。

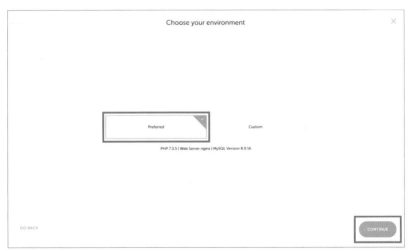

図2-2-5　**Choose your environment**

6. 「Set Up WordPress」の画面で、WordPressの管理ユーザーアカウントの設
定をします。下記の項目を入力して、「ADD SITE」ボタンをクリックしてください。

WordPress Username：任意のユーザー名（例：kaisekitaro）
WordPress Password：任意のパスワード
WordPress Email：任意のEmailアドレス（例：taro.kaiseki@waca.world）

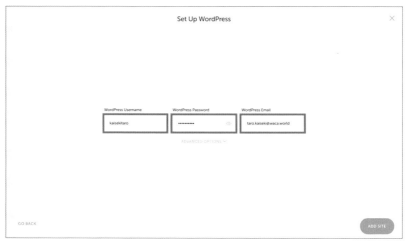

図2-2-6　**Set Up WordPressの画面**

7. これでLOCALの設定は完了となります。画面右上に「ADMIN」と「OPEN SITE」の2種類のボタンがあります。「ADMIN」ボタンをクリックすると、WordPress管理画面のログインページにアクセスします。WordPressの設定を変更する場合は「ADMIN」ボタンをクリックしてWordPressにログインしてください。「OPEN SITE」は通常のウェブサイトとしてデモ環境サイトにアクセスします。一般ユーザーと同じ視点でウェブサイトを閲覧したい場合は「OPEN SITE」ボタンをクリックしてください。

図2-2-7　**デモ環境の基本情報画面**

WordPressの初期設定

WordPressはウェブサイトやブログなどの構築によく利用されるシステムで、全世界のウェブサイトの約43%がWordPressで構築されていると言われています(2022年度時点)。日本国内での利用率も高く、簡単にカスタマイズできる幅も広いため、今回の学習環境はWordPressをベースに構築します。

1. LOCALの起動時の画面から、「ADMIN」ボタンをクリックしてください。WordPressのログイン画面が表示されるので、下記の通り入力して「Log In」ボタンをクリックしてください。

Username or Email Address：LOCALで設定したUsername（例：kaisekitaro）
Password：LOCALで設定したPassword

図2-3-1　**WordPressログイン画面**

2. ログインが完了すると、WordPressの管理画面のダッシュボードと呼ばれるページが表示されます。ただ、LOCALでWordPressをインストールした場合は英語表記となっているため、使いやすくするために日本語に変換しましょう。
　管理画面の左メニューの「Settings」から「General」をクリックしてください。

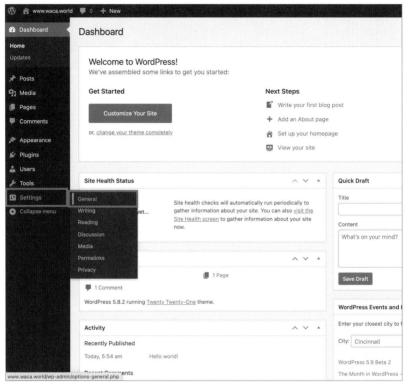

図2-3-2　WordPressダッシュボードページ

3. 下記の項目を入力して、画面最下部にある「Save Changes」をクリックしてください。

Site Language：日本語
Timezone：Tokyo
Date Format：Y-m-d
Time Format：H:i
Week Starts On：Sunday

※ Site Languageのみを設定すれば日本語に変換されますが、本書での表記を統一するため他の入力項目も変更してください。

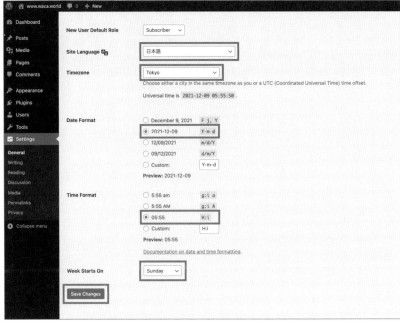

図2-3-3　WordPress Setting-Generalページ

4. 日本語表記になった画面が表示されれば、設定完了です。

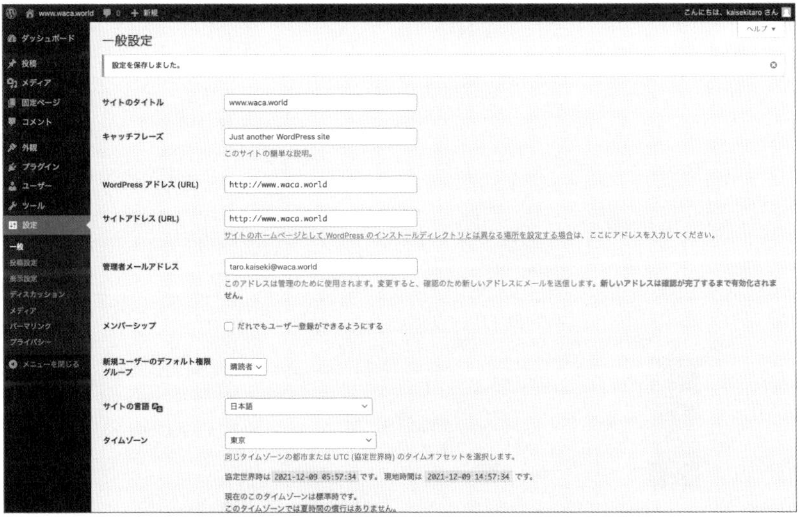

図2-3-4　WordPress 日本語表記に変更後の画面

2-4

Lightningのインストール

WordPressには「テーマ」と呼ばれるウェブサイトのテンプレート(雛形)があります。テーマを利用すると、ゼロからWordPressの設定やレイアウトを構築する手間を大幅に節約できます。

テーマは、無料・有償も含めて多くの種類が提供されています。今回は、企業ウェブサイトのようなレイアウト・機能が備わっているテーマとして、株式会社ベクトルが提供しているテーマ「Lightning」をベースに環境を構築します。

> **注意**
> ステップ3〜8で利用する「All-in-One WP Migration」はデータをインポート時に WordPressの内容を上書きします。自分で管理している既存のWordPressのウェブサイトで実行するとデータはすべて消失するため、十分ご注意ください。WordPressに慣れていない場合は、必ず「2-2 LOCALのインストール」と「2-3 WordPressの初期設定」で作成した環境で進めてください。

1. 次のURLにアクセスして、「Lightning G3 クイックスタート手順」の「STEP1 デモサイトのダウンロード」にある「ダウンロード」ボタンをクリックしてください。

Lightning G3 クイックスタートURL
https://lightning.vektor-inc.co.jp/setting/quick-start/

図2-4-1 **Lightning G3 デモサイトデータのダウンロード**

2. WordPress管理画面の左メニューの「プラグイン」から「新規追加」をクリックしてください。

図2-4-2　プラグインの新規追加

3. 画面右上の「プラグインの検索…」と記載がある検索窓に、「all in one wp migration」と入力してください。入力後に「All-in-One WP Migration」のプラグインが表示されるので、「今すぐインストール」ボタンをクリックしてください。インストールが完了するまでは、ほかの画面操作はせずにそのままお待ちください。

図2-4-3　All-in-One WP Migrationのインストール

4. プラグインのインストールが完了すると、ボタンの表記が「有効化」に変わるので、そのままボタンをクリックしてください。

図2-4-4　All-in-One WP Migration の有効化

5. 管理画面の左メニューの「All-in-One WP Migration」から「インポート」をクリックしてください。

図2-4-5　**All-in-One WP Migrationのインポート**

6.「インポート元」をクリックし、「ファイル」をクリックしてください。ファイルの選択画面が表示されるので、先ほどダウンロードしたLightning G3 デモサイトデータを選択してください。

図2-4-6　**インポートファイルの選択**

7. 画面に注意事項が表示されるので、30ページの注意事項を再度確認したうえで、「開始」ボタンをクリックしてください。

図2-4-7　**インポートに関する注意事項**

8. デモサイトデータのインポートが完了するとメッセージが表示されるので、「完了」ボタンをクリックしてください。

図2-4-8　**インポート完了のメッセージ**

9. 管理画面内の左メニューから任意のメニューをクリックすると、ログイン画面が表示されます。これは、管理者のログイン情報がインポートしたデモサイトデータによって上書きされるためです。ログインするには下記の通り入力して「ログイン」ボタンをクリックしてください。

ユーザー名またはメールアドレス：vektor
パスワード：vektor

図2-4-9　**インポート後の管理画面**

10. 管理者メールアドレスの検証のメッセージが表示されるので、「正しいメールアドレスです」ボタンをクリックしてください。

図2-4-10　**管理者メールアドレスの検証画面**

11. 管理画面の左メニューの「ユーザー」から「新規追加」をクリックしてください。

図2-4-11　**ユーザーの新規追加**

12. 下記の項目を入力して、「新規ユーザーを追加」をクリックしてください。

ユーザー名(必須)：任意のユーザー名 (例：kaisekitaro)
メール(必須)：任意のEmailアドレス (例：taro.kaiseki@waca.world)
パスワード：任意のパスワード
権限グループ：管理者

図2-4-12 新規ユーザーの必要情報入力

13. 画面右上に「こんにちは、vektorさん」と表示されているエリアにマウスカーソルを合わせるとサブメニューが表示されるので、「ログアウト」をクリックしてください。

図2-4-13 ログアウト

14. 先ほど新規追加したユーザー名とパスワードを入力して、「ログイン」ボタンを
クリックしてください。

図2-4-14　**新規追加ユーザーでログイン**

15. 管理画面の左メニューの「ユーザー」から「ユーザー一覧」をクリックしてく
ださい。

図2-4-15　**ユーザー一覧の選択**

16. ユーザー一覧表示内にある、ユーザー名「vektor」の文字の上にマウスカーソ
ルを合わせるとサブメニューが表示されるので、「削除」をクリックしてください。

図2-4-16　**ユーザー一覧画面**

17.「すべてのコンテンツを以下のユーザーのものにする」の右側のリストボックス
から、先ほど新規追加したユーザーを選択して、「削除を実行」ボタンをクリックし
てください。

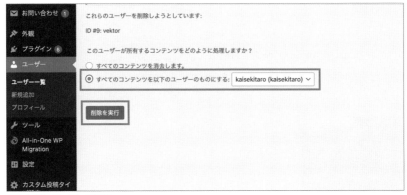

図2-4-17　ユーザーの削除

18. WordPress管理画面の左メニューの「プラグイン」から「新規追加」をクリッ
クしてください。

図2-4-18　プラグインの新規追加

19. 画面右上の「プラグインの検索…」と記載がある検索窓に、「change admin
email」と入力してください。入力後に「Change Admin Email」のプラグインが
表示されるので、「今すぐインストール」ボタンをクリックしてください。インストー
ルが完了するまで他の画面操作はせずにそのままお待ちください。プラグインのイ
ンストールが完了すると、ボタンの表記が「有効化」に変わるので、そのままボタ
ンをクリックしてください。

図2-4-19　**Change Admin Emailのインストール**

20. 管理画面の左メニューの「設定」から「一般」をクリックしてください。

図2-4-20　**設定画面（一般）**

21.「管理者メールアドレス」に先ほど新規追加したユーザーと同じメールアドレス
を入力して、画面最下部の「変更を保存」ボタンをクリックしてください。

図2-4-21　**管理者メールアドレスの変更**

　以上でLightningの設定は完了です。後はWordPressにGTMを計測するため
の設定をすればデモ環境の構築は完了となります。GTMの導入については、アカ
ウントの作成方法も含めてChapter 3で詳細を説明します。

Chapter 3

Google タグマネージャーの導入

ここでは、Googleタグマネージャーのアカウント開設の方法、アカウント構造の説明、複数人で管理を行う場合の設定や便利な機能を解説します。ぜひ、本書を片手にGoogleタグマネージャーのアカウントを開設してみましょう。

3-1

アカウントの作成

　Googleタグマネージャー（以下、GTM）の利用には、Googleアカウントが必要となりますので、まずはGoogleアカウントを取得しましょう。Googleアカウントを取得後、GTMのウェブサイトにアクセスして「無料で利用する」ボタンをクリックすることで、GTMの管理画面に移動できます。GTM利用時の推奨ブラウザについて、GoogleはChrome、Firefox、Microsoft Edge、Safariの4つを紹介しておりますが、筆者としては拡張機能の利用ができる点やGTMと同じGoogleプロダクトという観点からChromeをおすすめしております。

図3-1-1　Googleタグマネージャーのウェブサイト
https://marketingplatform.google.com/intl/ja/about/tag-manager

　なお、Googleアカウントにログインしていない場合はログインページが表示され、ログインを促されます。アカウントのIDとパスワードを入力することでログインできます。ログインしていれば、そのままGTMの管理画面に移動できます。また、アカウントを取得していない場合でも、ログイン画面の「アカウントを作成」からアカウントを新規取得することもできます。

図3-1-2　Googleアカウントのログインページ

　次のようなGTMの管理画面が表示されたら、右上にある「アカウントを作成」
のボタンをクリックしてGTMのアカウント設定に進みます。

図3-1-3　アカウントを作成

アカウントとコンテナについて

GTMのアカウントが作成できたら、次は「アカウント」と「コンテナ」の設定です。画面に沿って情報入力するだけで難しいものではありませんが、まずは理解を深めるために「アカウント」と「コンテナ」の概念について押さえておきましょう。

アカウントとは

アカウントとはコンテナを管理する箱のようなものです。1つのアカウントの中に複数のコンテナが紐づく形となります。サイトを管理している企業ごとにアカウントを使い分けるのが一般的です(1企業・1アカウント)。

コンテナとは

コンテナとはGTMで設定を行うウェブサイトを指します。1ドメインもしくは1サイトに対して1コンテナで使い分けるのが一般的です(1ドメイン・1コンテナ)。例えば、1つの企業がA〜Dの4つのサイトを管理している場合は、サイトごとにコンテナを作成するので1アカウント、4コンテナを作成するイメージとなります。

図3-2-1　アカウントとコンテナの体系図

アカウントとコンテナの設定

　アカウントとコンテナの理解ができたところで、いよいよ設定に進みます。アカウントの設定では、「アカウント名」と「国」を入力します。「アカウント名」は企業名など任意の名称を入力します。「国」は所在地が日本であれば「日本」をプルダウンから選びましょう。「国」の下にある「Googleや他の人と匿名でデータを共有」のチェックボックスにチェックを入れることで、ベンチマークサービスを利用できます。ベンチマークサービスとは、Googleが自社のデータにアクセスできる代わりに、自社の同業他社や類似サイトなどのベンチマーク先の傾向を匿名状態で知らせてくれるサービスです。自社が特定される情報はすべて削除してからの共有になるため、特別問題がなければチェックを入れておきましょう。

　続いてコンテナの設定です。「コンテナ名」は「アカウント名」同様、任意で名称を入力できます。誰にでもわかるように、「サイトのURL」もしくは「サイト名」にしておくと良いでしょう。「コンテナ名」を入力し、「ターゲットプラットフォーム」から対象を選択して、「作成」をクリックします。「ターゲットプラットフォーム」について、GTMを導入の対象がウェブサイトの場合は「ウェブ」を選択してください。

ターゲットプラットフォームは、GTM導入対象がアプリの場合は、「iOS」か「Android」を選択、AMPページは「AMP」を選択、サーバーサイドタグを設定したい場合は「Server」を選択します。

図3-2-2　アカウントとコンテナの設定画面

次に「Googleタグマネージャー利用規約」が表示されます。2022年5月時点では日本語訳のページはありません。フッターに表示されている「GDPRで必須となるデータ処理規約にも同意します」のチェックボックスにチェックをして、右上の「はい」をクリックすることでアカウント設定は完了です。

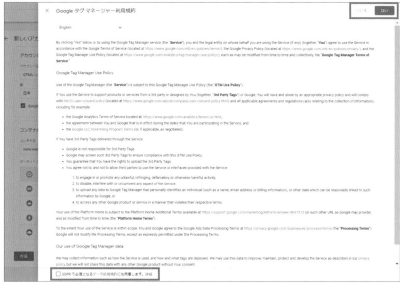

図3-2-3　Googleタグマネージャー利用規約

GTMタグをウェブサイトに設置しよう

アカウントとコンテナ設定が完了するとそのまま「ワークスペース」に進み、「Googleタグマネージャーをインストール」という画面がポップアップで表示されます。「Googleタグマネージャースペニット」と呼ばれるコードが2種類表示されるので、それぞれコピーしてHTMLの指定の位置に設置するだけです。「Googleタグマネージャースペニット」は、一般的にGTMタグと呼ばれます。また、GTMタグはコンテナごとに発行されます。「Googleタグマネージャーをインストール」画面に表示されている上部のタグは<head>と</head>の間のできるだけ上の位置に設置し、下部のタグは<body>タグの直後に設置します。2種類のGTMタグは原則として、対象サイトの全ページに設置してください。

図3-2-4　Googleタグマネージャーをインストール

学習環境におけるGTMタグの設置方法

　Chapter 2で解説した学習環境のWordPress（Lightningテンプレート）に対してGTMタグを設置する方法を説明します。LightningにGTMタグを設置して、自由にGTMに触れる環境を構築していきましょう。

　GTMの初期設定が完了後、ワークスペースの画面が表示されます。上部のメニューバーに、コンテナIDである「GTM-●●●●●●●（●は英数字）」が表示されているので、「GTM-」を省いた「●●●●●●●」の部分をコピーしてください。

図3-2-5　GTMのコンテナIDをコピー

次にWordPressにログインし、管理画面の左メニューから「ExUnit」内の「有効化設定」をクリックしてください。次に、右画面の一覧から「Googleタグマネージャー」にチェックを入れて、ページ最下部の「変更を保存」ボタンをクリックしてください。

図3-2-6　WordPressの左メニュー「ExUnit」→「有効化設定」

　WordPress管理画面の左メニューから「ExUnit」内の「メイン設定」をクリックしてください。次に、右画面の「Googleタグマネージャー設定」のコンテナID入力欄に、最初にコピーしたGTMのコンテナIDの英数字部分をペーストしてください。あとは「変更を保存」ボタンをクリックすればGTMタグの設置は完了です。Lightningを使ったGTMの学習環境の構築ができました。

図3-2-7　WordPressの左メニュー「ExUnit」→「メイン設定」

3-3

複数人でGTMを管理する場合の設定

GTMを部署で管理したり、広告代理店など外部企業に委託したりとGTMを複数人で管理するケースも多く見受けられます。ここでは、ユーザー追加の方法や複数人で管理する場合の便利な機能などを紹介します。GTMを使ったタグ設定方法は次章のChapter 4にて解説しております。いち早くGTMを操作してタグを設置したい方は、Chapter 4に進んでください。

ユーザーの追加と権限付与

GTMの管理画面を複数人で管理したい場合は、ユーザー追加という方法で他のユーザーを追加できます。ユーザー追加については、前述の「アカウント」と「コンテナ」の2つの単位に紐づけられます。それぞれの設定方法を紹介します。

まず「アカウント」単位でのユーザー追加の方法を説明します。アカウント単位で追加することで、追加されたユーザーはアカウントに紐づくコンテナ（ウェブサイトなどのプラットフォーム）を確認できます。追加対象のユーザーがアカウント内のすべてのコンテナに対して関与する場合は、「アカウント」単位での追加がよいでしょう。

アカウント単位のユーザー追加方法として、「管理」タブから、アカウントの「ユーザー管理」をクリックしてください。

図3-3-1 「管理」→「ユーザー管理（アカウント）」

次にユーザー管理をクリックして右上の「＋」ボタンをクリックします。「ユーザー追加」と「ユーザーグループを追加」の2つ表示されますが、「ユーザー追加」をクリックしてください。

図3-3-2　「管理」→「ユーザー管理（アカウント）」→「ユーザー追加」

メールアドレスの入力画面が表示されるので、ユーザー追加したいメールアドレスを入力してください。注意点として、メールアドレスはGoogleアカウントとして登録している必要があります。ユーザー追加する前にGoogleアカウントかどうかを確認しましょう。

メールアドレスが入力できたら、「アカウントの権限」を選択しましょう。「アカウントの権限」とは追加するユーザーに付与する権限のことです。権限には「管理者」と「ユーザー」の2種類あり、「管理者」が上位の権限となります。「管理者」はユーザーの新規追加や削除、コンテナの作成を行うことができます。「ユーザー」はアカウントの基本情報の表示のみしかできず、ユーザーの追加や削除、コンテナの作成はできません。「管理者」か「ユーザー」のどちらかにチェックをして、右上の「招待する」ボタンをクリックします。

その後入力したメールアドレス宛てにGoogleから招待通知が送信されるので、招待されたユーザーが承認すると、アカウント単位のユーザー追加は完了します。

図3-3-3　「管理」→「ユーザー管理（アカウント）」→「ユーザー追加」→「招待状の送信」

招待されたユーザーの承認までの流れも解説します。

まず、招待したユーザーが承認するまでは、ユーザー管理の画面で追加したユーザーのステータスは「招待状は保留中です」と表示されます。「アクセス権限あり」というステータスになるまではユーザー追加が完了していません。

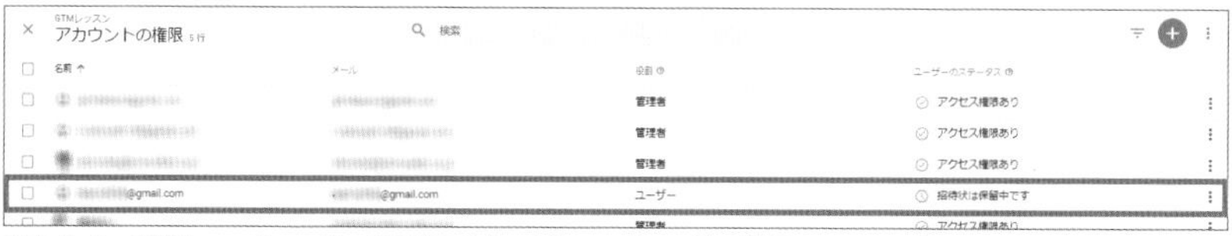

図3-3-4　「管理」→「ユーザー管理（アカウント）」→「ユーザー管理」

招待されたユーザーはGoogleから招待状がメールで届いているので、メールを確認し、メール文章内のGTMのアカウント名の下にある「Open Invitation in Google Tag Manager」と記載されたボタンをクリックします。

図3-3-5　Googleからの招待状メール

ボタンをクリックするとGTM管理画面のアカウントページに遷移します。管理しているアカウント一覧の最上部に表示された「招待」という項目をクリックします。

図3-3-6　すべてのアカウント

招待されたアカウント情報を確認して「承諾する」ボタンをクリックすると、アカウントへのユーザー追加は完了です。

図3-3-7　アカウントへの招待

では次に、「コンテナ単位」でのユーザー追加の方法を説明します。コンテナ単位で追加することで、追加されたユーザーはコンテナに登録しているウェブサイトの設定を管理できます。特定のサイトだけに関与する場合は、「コンテナ」単位でのユーザー追加がよいでしょう。

　コンテナ単位のユーザー追加方法として、「管理」タブから、コンテナの「ユーザー管理」をクリックしてください。

図3-3-8　「管理」→「ユーザー管理（コンテナ）」

　次にユーザー管理をクリックしてから右上の「＋」ボタンをクリックします。「ユーザーを追加」と「ユーザーグループを追加」の2つが表示されるので、「ユーザーを追加」をクリックしてください。

図3-3-9　「管理」→「ユーザー管理（コンテナ）」→「ユーザーを追加」

　メールアドレスの入力画面が表示されるので、ユーザー追加したいメールアドレスを入力してください。アカウントのユーザー追加と同様、注意点としてメールアドレスはGoogleアカウントとして登録している必要があります。ユーザー追加する前にGoogleアカウントかどうかの確認を行いましょう。
　メールアドレスが入力できたら、「コンテナの権限」を選択しましょう。権限には「公開」「承認」「編集」「読み取り」の4種類があります。

「公開」は設定した内容を公開できる最高権限となります。「承認」はバージョン[1]の作成はできますが、公開はできません。「編集」はワークスペースを作成したり、編集したりできますが、バージョンを作成したり、公開したりすることはできません。

「読み取り」はコンテナの設定内容を閲覧できますが、変更ができない閲覧のみの権限です。4種類の権限のうち1つにチェックをして、右上の「招待する」ボタンをクリックします。その後入力したメールアドレス宛てにGoogleから招待通知が送信されるので、招待されたユーザーが承認すると、コンテナ単位のユーザー追加は完了します。

図3-3-10　「管理」→「ユーザー管理（コンテナ）」→「ユーザーを追加」→「招待状の送信」

アカウント単位でユーザー追加を実施する際の注意事項

アカウント単位で「管理者」権限でユーザー追加を行う場合、コンテナの権限はデフォルトで「読み取り」が設定されています。「ユーザー」権限でユーザー追加を行う場合はコンテナの権限は何も設定されていないため、どのコンテナも確認できない事象が発生します。

アカウント単位でユーザー追加する際は、コンテナの権限も確認して設定しましょう。

※1　**バージョン**：バージョンとは、特定の時点のコンテナの設定状態です。例えばAタグを設定公開して、その後にBタグを設定公開した場合、バージョン1はAタグのみが設定された状態、バージョン2はBタグが追加で設定された状態です。バージョン利用のメリットとして、バージョン2のBタグの設定に不具合が見つかった場合、バージョン1に戻せることが挙げられます。

図3-3-11　アカウント単位のユーザー追加でのコンテンツ権限設定（「ユーザー」権限の場合）

「コンテナの権限」の右にある「すべてを設定」をクリックすることで、アカウントに紐づくすべてのコンテナのアクセス権の種類を選択できます。また、「コンテナの権限」の下にあるコンテナ名をクリックすることで、権限付与するアクセス権の種類をコンテナごとに設定できます。

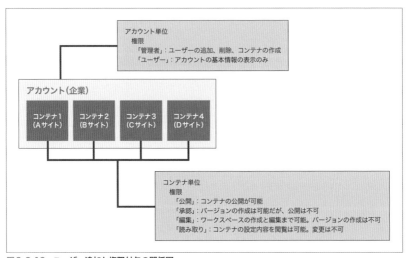

図3-3-12　ユーザー追加と権限付与の関係図

コンテナの通知

　複数人でコンテナを管理する場合の懸念点は、ほかの誰かがバージョンの公開をして、管理者が気が付かない間に、タグの追加や変更が行われてしまったということではないでしょうか。誰が設定や公開を行ったかの確認は、アクティビティ履歴やバージョンの公開者を閲覧することで把握できます。しかしながら、もし管理者の意図しない設定が行われた場合、頻繁に管理画面の確認を行わない限りすぐに把握することはできず、計測の不備や意図しないタグの設置などのトラブルが起こる可能性はあります。

　「コンテナの通知」はこのようなトラブルを防げる機能です。「コンテナの通知」を設定することで、バージョン公開や作成が行われた際にメールで通知できます。「コンテナの通知」の設定方法はアカウント単位とコンテナ単位の2つがあります。アカウント単位は、アカウントに紐づいている全てのコンテナのバージョン公開や作成が行われた際にメールを通知します。コンテナ単位は、個別のコンテナ単位でメール通知を設定できます。

　では、アカウント単位の「コンテナの通知」の設定方法から説明します。GTM管理画面の右上の ⋮ をクリックして「ユーザー設定」をクリックしてください。「ユーザー設定」の画面に遷移します。

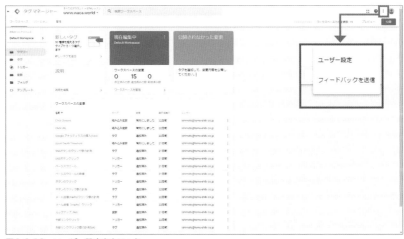

図3-3-13　ユーザー設定をクリック

「ユーザー設定」の画面に進んだら、中央部あたりにある「デフォルトのコンテナ
の通知」の箇所で設定を行います。通知の条件は、バージョンが公開された場合と
バージョンが作成された場合（未公開）の2つから設定できます。バージョン公開の
通知設定は、「次の場合にメールを受け取る」の直下にある「バージョンが公開さ
れます」のプルダウンから選択します。バージョン作成（未公開）の通知設定は、さ
らにその下の「新しいバージョンが作成されますが、公開されません」のプルダウ
ンメニューから選択します。

　バージョン公開の通知設定のプルダウンメニューは、「受け取らない」「本番環境
のみ」「常に実行」の3つから選択できます。デフォルトでは「受け取らない」になっ
てるので、通知を行う場合は「本番環境のみ」「常に実行」のどちらかを選択します。
開発環境のような本番環境とは異なる環境設定をGTM上で設定している場合は「本
番環境のみ」を選択することで、バージョンが本番環境に公開された場合にのみ通
知がされます。「常に実行」を選択すると開発、本番などの環境は関係なく、バージョ
ンが公開された時点で通知がされます。環境設定を行っていない場合は、「本番環
境のみ」と「常に実行」はどちらも同じ挙動となります。プルダウンメニューを選
択したら、画面下部にある「保存」をクリックすると設定完了です。

図3-3-14　バージョン公開の通知設定のプルダウンメニュー

バージョン作成（未公開）の通知設定のプルダウンメニューは「受け取らない」と「常に実行」の2つから選択します。デフォルトでは「受け取らない」になっているので、通知を行う場合は、「常に実行」を選択してください。プルダウンメニューを選択したら、画面下部にある「保存」をクリックすると設定完了です。

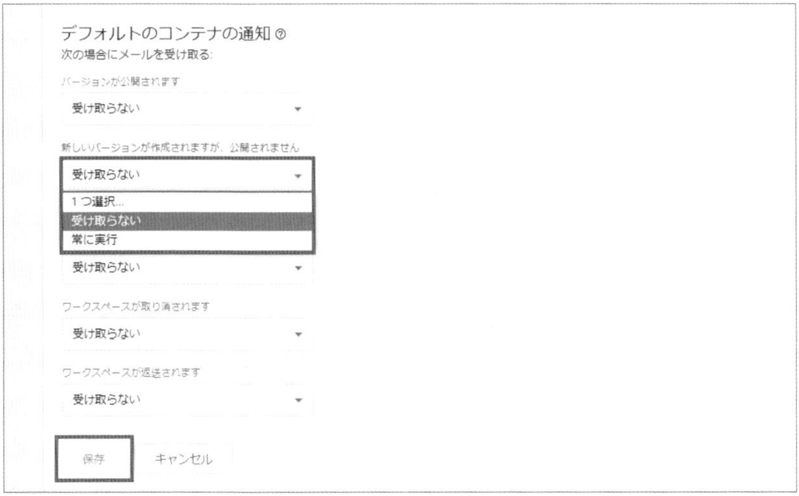

図3-3-15　バージョン作成（未公開）の通知設定のプルダウンメニュー

では次にコンテナ単位の「コンテナの通知」の設定方法を説明します。GTM管理画面の「管理」タブから、コンテナの「コンテナの通知」をクリックしてください。

図3-3-16　「管理」→「コンテナの通知」

コンテナの通知画面では、アカウント単位の設定と同様にバージョンが公開された場合とバージョンが作成された場合（未公開）の2つから通知設定を選択できます。

　プルダウンの内容もアカウント単位の設定と同様です。バージョン公開の通知設定は「受け取らない」「本番環境のみ」「常に実行」の3つから選択でき、バージョン作成（未公開）の通知設定は「受け取らない」と「常に実行」の2つから選択できます。プルダウンメニューから選択したら、画面下部にある「保存」をクリックすると通知設定が完了となります。

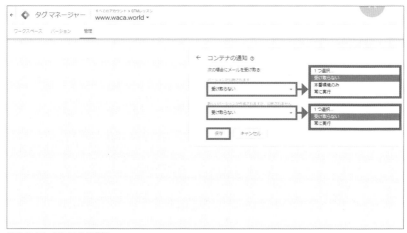

図3-3-17　コンテナの通知

コンテナのインポートとエクスポート

　広告代理店や制作会社など、複数の企業のウェブ支援を行う会社の場合、A社で設定したコンテナの内容をB社でも流用したいというケースがあるのではないでしょうか。また、複数のサイトを運営されている事業者の場合、Aサイトのコンテナの設定をBサイトに流用したいというケースもあるでしょう。GTMはコンテナの設定が異なるコンテナに対してコピーや移動ができないため、コンテナごとに1から設定を行う必要があるのですが、「インポート・エクスポート」という機能を利用することで別のコンテナに設定を移植できます。複数のコンテナを管理する場合は「インポート・エクスポート」機能を理解しておくと効率よくGTM環境を構築できます。

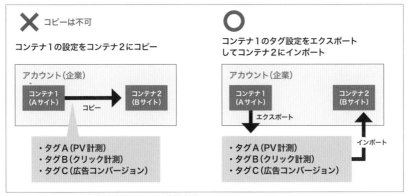

図3-3-18　コンテナ設定を別コンテナへの移植方法

　それでは、コンテナのインポートとエクスポートの方法について説明します。まずは流用したいコンテナの設定を抽出するコンテナのエクスポートからです。「すべてのアカウント」の画面から対象のコンテナの右上にある歯車のアイコンをクリックするとコンテナの「管理」の画面に遷移します。もしくは対象のコンテナの画面から「管理」タブをクリックします。

図3-3-19　すべてのアカウントから対象コンテナの歯車アイコンをクリック

　「管理」タブを開いたら、次に「コンテナをエクスポート」をクリックします。

図3-3-20 「管理」タブから「コンテナをエクスポート」をクリック

　ワークスペースとバージョンの情報が表示されますので、エクスポートしたい設定を選択できます。

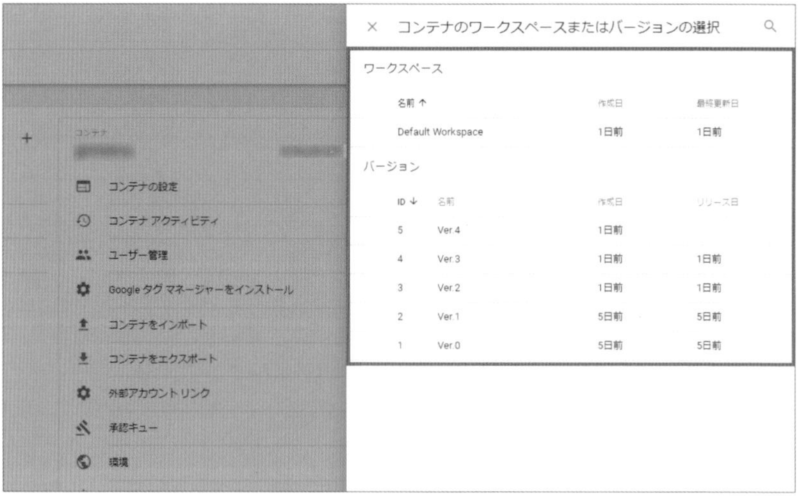

図3-3-21 コンテナのワークスペースまたはバージョンの選択

　ワークスペースもしくはバージョンを選択すると設定詳細が表示されます。抽出したい内容(Container Items)にチェックをして、右上の「エクスポート」をクリックするとJSONという形式でダウンロードできます(最初はすべての項目にチェックが入った状態で表示されます)。

図3-3-22　選択したワークスペースのエクスポート画面

　流用したいコンテナのエクスポートが完了したら、次に移植先のコンテナに JSONファイル（設定）をインポートします。インポートの画面はエクスポートと同じ管理タブから入ることができます。移植したいコンテナの管理タブから、「コンテナをインポート」をクリックします。

図3-3-23　「管理」タブから「コンテナをインポート」をクリック

コンテナのインポート画面が表示されるので、エクスポートしたJSONファイル
をアップロードします。次にインポートしたファイルを追加するワークスペースを
選択します。既存のワークスペースだけでなく、新規のワークスペースを作成して
追加することもできます。

図3-3-24　**コンテナのインポート画面（ファイルとワークスペースの選択）**

　追加するワークスペースの選択ができたら、「インポート オプションを選択」か
らインポートするファイルにすべて上書きするか、インポート先のコンテナのコン
テンツに追加するかを選択します。

　インポートするファイルにすべて上書きする場合は「上書き」を選択します。上
書きすると、既存のコンテンツ（タグ、トリガー、変数）はすべて削除され、インポー
トしたコンテナのものに置き換えられます。

　インポート先のコンテナのコンテンツに追加する場合は「統合」を選択します。
統合を選択すると「矛盾するタグ、トリガー、変数を上書きします。」と「矛盾する
タグ、トリガー、変数の名前を変更します。」の2種類があるので、どちらか1つを
選びます。

　これは、インポート先のコンテナに、名前は同じで内容が異なる変数やタグ、ト
リガーがある場合の条件設定です。前者はインポートする新しいコンテンツ（タグ、
トリガー、変数）の名前で上書きを行います。後者は、インポートする新しいコンテ
ンツ（タグ、トリガー、変数）の名前を別名で保存します。

図 3-3-25　コンテナのインポート画面 (インポートオプションの選択)

　「インポート オプションを選択」でインポート方法を選択すると、「インポートの
プレビューと確認」が表示されます。インポート後のタグ、トリガー、変数、テン
プレートの 4 項目について、「新規の数」、「更新される数」、「削除される数」が確認
できます。さらに「変更の詳細を表示」をクリックすると、追加するタグ名やトリガー
名などの変更内容が詳細に確認できます。

図 3-3-26　コンテナのインポート画面 (インポートのプレビューと確認)

「変更の詳細を表示」を確認して、意図したとおりの内容であれば「確認」をクリックしてインポート完了です。

図3-3-27 コンテナのインポート画面（変更の詳細を表示）

Chapter 4

基本操作

Chapter 4ではいよいよGoogleタグマネージャー
を使ったタグ設定の仕方について解説します。
Chapter 1で解説したタグ・トリガー・変数の三大要
素を活用して、実際にタグの設定をしていきましょう。

4-1

まずはタグを1つ作成しよう

Googleタグマネージャー(以下GTM)を使った基本操作として、Googleアナリティクス(以下GA)のタグ設定を例に、ゴールとして下記の設定ができるように操作方法を説明します。

- プロダクト：Googleアナリティクス(ユニバーサルアナリティクス)
- 設定：対象サイトのすべてのページビューを計測できるようにする

GTM操作の最初の一歩としてGAタグを設定し、ウェブサイトのアクセスデータを計測できるようになりましょう。

ステップ1　GAタグの追加

左側のメニューから「タグ」を選択し、「新規」ボタンをクリックして、タグを追加します。

図4-1-1　**ワークスペース →「タグ」→「新規」**

次にタグの名前を入力します。タグの名前は自由に入力できます。今回は「Googleアナリティクスですべてのページビュー計測」を行うことを目的としたタグであるため、わかりやすく「Googleアナリティクス(UA：ユニバーサルアナリティクス)全PV計測」という名前にしてみました。タグの名前を入力したら、次は「タグの設定」を行います。「タグの設定」エリアをクリックしましょう。

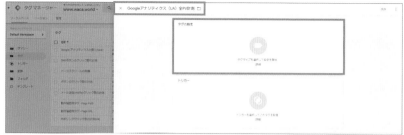

図4-1-2　ワークスペース → 「タグ」 → 「新規」

　右側に「タグのタイプを選択」という画面が表示されるので、「おすすめ」の一
番上にある「Googleアナリティクス:ユニバーサルアナリティクス」を選択します。

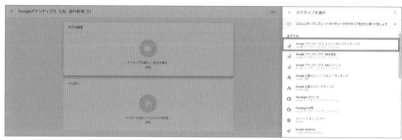

図4-1-3　タグタイプを選択

　「Googleアナリティクス:ユニバーサルアナリティクス」を選択するとタグの設
定画面が表示されます。今回の計測目的は対象サイトのすべてのページビュー計測
のため、トラッキングタイプは「ページビュー」のままで結構です。Googleアナ
リティクス設定では、対象サイトを計測するGAのプロパティを指定します。GAプ
ロパティの指定方法は、変数を設定して登録する方法とGAプロパティのIDを登録
する方法の2種類があるので、両方紹介します。

```
タグの設定

タグの種類

  ▌Google アナリティクス: ユニバーサル アナリティクス              ✎
     Google マーケティング プラットフォーム

トラッキング タイプ

  ページビュー                          ▼

Google アナリティクス設定 ⑦

  設定変数を選択...                      ▼

  ☐ このタグでオーバーライド設定を有効にする ⑦

  ＞ 詳細設定
```

図4-1-4　タグの設定:Googleアナリティクス:ユニバーサルアナリティクス

変数設定してGAプロパティを登録する方法

変数設定してGAプロパティを登録する方法は、「Googleアナリティクス設定」の設定から「新しい変数」を選択します。

図4-1-5　タグの設定：「Googleアナリティクス設定」から「新しい変数設定」を選択

「新しい変数」をクリックすると変数の設定画面が表示されます。「トラッキングID」の項目で計測を行うGAのトラッキングID（プロパティのID）を入力します。トラッキングIDはGAの「管理」メニューから「プロパティ設定」をクリックすると確認ができます。トラッキングIDの直下にある「Cookie ドメイン」については「auto」のままにしておきます。次に変数の名前を入力します。タグ名同様、変数の名前も自由に入力できます。ここでは分かりやすく変数名を「Googleアナリティクス(UA)設定」という名前にしました。今回設定した変数はユーザー定義変数という種類となります。最後に右上の「保存」をクリックしてタグの設定は完了です。

図4-1-6　変数の設定

タグの設定が完了したら、Googleアナリティクス設定の欄に登録した変数名（Googleアナリティクス(UA)設定）が表示されます。

図4-1-7　タグの設定：「Googleアナリティクス設定」に設定した変数を登録

GAプロパティのIDを登録する方法（変数を使わない方法）

　GAプロパティのIDを登録する方法として、「Googleアナリティクス設定」の設定変数を選択せずに、直下の「オーバーライド設定を有効にする」にチェックを入れて、GAのトラッキングID（プロパティのID）を入力します。トラッキングIDを入力して、右上の「保存」をクリックするとタグの設定は完了です。

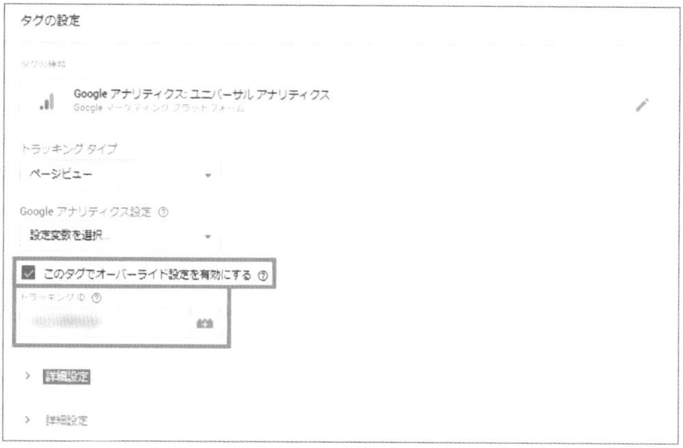

図4-1-8　タグの設定：トラッキングIDを都度入力（変数を使わない方法）

　今回、2種類のGAプロパティの指定方法を解説しましたが、1つ目に解説した変数を設定してGAプロパティを登録する方法をおすすめします。理由はボタンクリックやページスクロールなどGAを使って追加計測したい場合、登録済の変数名（今回の変数設定のケースでは「Googleアナリティクス（UA）設定」という変数名）を選択するだけでGAプロパティが指定できるからです。これでトラッキングIDを都度入力する手間が省けます。

ステップ2 トリガーの設定

　タグの設定が完了したら、次はトリガーの設定です。Chapter 1でトリガーとは、設定したタグを発動させるための条件を設定するものと解説しました。トリガーの設定では設置したGAタグが全ページでページビュー計測できるように設定を行います。最初にトリガーのエリアをクリックして、トリガーを選択します。

図4-1-9　**トリガーの設定**

　今回の計測目的は全ページビューの計測になるので、すでに表示されている「All Pages」を選択して、トリガーの設定は完了です。目的のトリガーがない場合は、トリガーを新規作成する必要があります。

目的のトリガーがない場合は「＋」からトリガーを新規作成、もしくは左のトリガーメニューから新規作成を行う

図4-1-10　**トリガーの選択**

　タグの設定とトリガーの設定ができたら、右上の「保存」ボタンをクリックします。これで設定したタグとトリガーが紐づきました。Googleアナリティクスで対象サイトのすべてのページビューを計測できるようにする設定は完了となります。
※計測を行うためには、さらに「バージョンの公開」設定を行う必要があります。バージョンの公開設定についてはこのChapterの［4-7］で解説します。

図4-1-11　設定したタグとトリガーの紐づけ完了

　実際にGAのページビュー計測タグを設定してみて、GTMの三大要素であるタグやトリガー、変数の理解が少しずつ深まったでしょうか。GAタグで対象ページの全ページビューの計測を行うことはGTM活用の一例です。GTMではGA以外のプロダクトのタグやページビュー以外の条件発火など、多種多様な設定方法があります。次からはGTMで設定できるタグ、トリガー、変数の詳細について解説します。

4-2

タグの種類について

GTMでは、GA以外にもさまざまなタグを選択できます。選択できるタグタイプは、サポートされているタグ、コミュニティテンプレートギャラリー、カスタムタグと大きく3種類に分かれます。

サポートされているタグ

サポートされているタグ[※1]はGoogleが公式にサポートしているタグで、「おすすめ」のタグが上位に表示されており、それ以外は「その他」に表示されています。「おすすめ」のタグには、GoogleアナリティクスやGoogle広告、GoogleオプティマイズなどGoogleプロダクトが並んでいます。同じGoogleプロダクトのためGTMで簡単に設定できます。

図4-2-1　サポートされているタグ（枠囲い）

※1　**GTMサポートタグ一覧**：https://support.google.com/tagmanager/answer/6106924?hl=ja&ref_topic=3002579#

コミュニティテンプレートギャラリー

コミュニティテンプレートギャラリーのコンテンツは、Googleではなく第三者のデベロッパーによって提供されたテンプレートです。注意事項としてあくまで第三者が作ったテンプレートのため、パフォーマンスや品質、内容は、Googleによって保証されていません。

コミュニティテンプレートギャラリーは、タグタイプ選択の最上部の「コミュニティテンプレートギャラリーでタグタイプをさらに見つけましょう」のエリアをクリックすると選択できます。

図4-2-2　コミュニティテンプレートギャラリー(枠囲いをクリック)

表示されたタグテンプレートからタグを選択し、ワークスペースに追加することで利用できます。

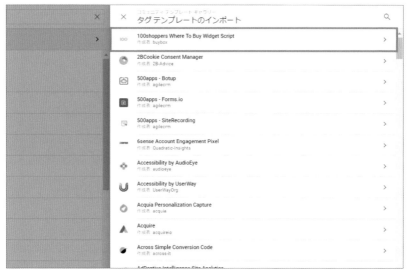

図4-2-3　コミュニティテンプレートギャラリー一覧

　例えば、検索窓に「Yahoo」と入力することでYahoo!広告のテンプレートも選択できます。

図4-2-4　検索窓からテンプレート検索

　コミュニティテンプレートギャラリーのページ(https://tagmanager.google.com/gallery)ではすべてのテンプレートが紹介されているので、事前にGTMに登録されているタグテンプレートを探したい場合はご参考ください。

カスタムタグ

GTMは、サポートの有無に関わらずテンプレートとして登録されていないタグは
カスタムタグを使用して設定します。カスタムタグは、「タグタイプを選択」から「カ
スタム」表示エリアにある「カスタムHTML」や「カスタム画像」を選択します。

図4-2-5　**カスタムタグ(枠囲い)**

例えば、ヒートマップ分析ツールのPtengineのタグを設置したい場合、「カスタ
ムHTML」を選択し、Ptengineから発行されたタグを「HTML」の欄にコピーペー
ストするだけでカスタムタグの設定は完了です。

図4-2-6　**カスタムHTML**

トリガーの種類について

左側のトリガーメニューから「新規」ボタンをクリックし、「トリガーの設定」を
クリックします。

図4-3-1　**トリガー設定**

再び表示された「トリガーの設定」のエリアをクリックすることでトリガーのタ
イプを選択できます。

図4-3-2　**トリガーのタイプを選択**

トリガーのタイプにはページビュー以外にもさまざまなタイプを選択できます。例えば、リンククリックやページ内のスクロール、YouTube動画の再生などを条件にタグを発火させることができます。2022年5月現在では16種類あります。詳しくは次表でご確認ください。

分類	分類概要	トリガータイプ	説明
ページビュートリガー	ページがウェブブラウザに読み込まれたときにタグを配信する。ページ読み込みイベントを検出するトリガーは5種類あり、タグを配信するタイミングの判断基準がそれぞれ異なる タグ配信の優先順位は下記の順番となる 1.「同意の初期化」 2.「初期化」 3.「ページビュー」 4.「DOM Ready」 5.「ウィンドウの読み込み」	同意の初期化	同意に関する設定を行うために使用する。確実に他のすべてのトリガーの配信よりも前に適用するためのトリガータイプ。「同意の初期化」トリガーは、サイトのユーザー同意ステータスを設定または更新するタグ(同意管理プラットフォームタグ、同意のデフォルト値を設定するタグなど)に使用する。各ウェブコンテナには、デフォルトで「同意の初期化 - すべてのページ」トリガーが含まれている。「同意の初期化」トリガーは、単にタグを早い段階で配信する用途では使用しない。その用途の場合は「初期化」トリガーを使用する
		初期化	「同意の初期化」トリガーを除いて最も早く配信するタグ用のトリガータイプ。各ウェブコンテナには、デフォルトで「初期化 - すべてのページ」トリガーが含まれている。他のトリガーよりも前に配信する必要があるタグには、このトリガータイプを使用する
		ページビュー	ウェブブラウザがページの読み込みを開始するとすぐに発動する。ページのインプレッションから生成されたデータのみが必要な場合は、このオプションを使用する。GAのページビュー計測やGoogle広告のコンバージョンタグの発火設定などページビュートリガーの中でも使用頻度の高いトリガータイプ
		DOM Ready	ブラウザでHTMLのページの読み込みが完全に終了し、ドキュメント オブジェクト モデル(DOM)が解析できる状態になった後に発動する。DOMに対応して変数に値が入力されるページベースのタグの場合は、タグマネージャーで正しい値を使用するよう、このタイプのトリガーを選択する
		ウィンドウの読み込み	画像やスクリプトなどの埋め込みリソースを含め、ページが完全に読み込まれた後に発動する

トリガーの種類と概要一覧

分類	分類概要	トリガータイプ	説明
クリックトリガー	クリックイベントに基づいてタグを配信する「すべての要素」と「リンクのみ」の2種類で、クリック計測の範囲によって使い分けを行う	すべての要素	ページ上のすべての要素（リンク、画像、ボタンなど）のクリックを測定する。リンククリック（ <a> 要素（例: <a href="www.google.com">Google.com</a>））以外のクリックにも反応するので、例えばアンカーリンクなど、他ページへのリンククリック以外の計測を行いたい場合に使用する
		リンクのみ	リンククリック（ <a> 要素（例: <a href="www.google.com">Google.com</a>））のみ計測したい場合に使用する
ユーザーエンゲージメント	ユーザーの特定の行動（動画再生やスクロールなど）に基づいてタグを配信する「YouTube 動画」「スクロール距離」「フォーム送信」「要素の表示」の4種類	YouTube動画	ウェブページに埋め込まれている YouTube 動画での操作に基づいてタグを配信できる。YouTube動画の再生回数や動画が最後まで見られた数、一定の秒数まで見られた数などを計測したり、動画を再生したユーザーのみに広告配信を行ったりできる
		スクロール距離	ユーザーがウェブページをどれだけスクロールして進んだかに応じてタグを配信できる。ウェブページの何割までスクロールされているか計測でき、例えばブログ記事で全体の〇〇%まで読まれているかなど計測したい場合に使用する
		フォーム送信	フォームが送信されたときタグを配信する。例えばフォームとサンクスページが同じURLでコンバージョンタグの設定が難しい場合、フォーム送信を条件にコンバージョンタグの設定を行える
		要素の表示	選択した要素がウェブブラウザに表示されると発動する。例えば、特定のバナーが表示された（バナーの表示回数を計測）、ブログ記事のフッターにあるソーシャルリンクが表示された（読了数を計測）などの際に使用する

分類	分類概要	トリガータイプ	説明
その他	上記以外のタグタイプ	JavaScript エラー	捕捉できなかった JavaScriptの例外（window.onError）が発生したときにタグを配信する場合に使用する。このタグを使用して、解析ツールにエラーメッセージを記録できる
		カスタム イベント	標準的な方法では処理されない操作をトラッキングするために使用するトリガー。データレイヤー変数と一緒に活用することで、通常のトリガーでは指定できない独自のタイミングでトリガーを作成できる
		タイマー	一定の間隔でタグマネージャーにイベントを送信できる。このトリガーを使用して、ユーザーがページでタスク（記事を読む、フォームに記入する、購入を完了するなど）を完了するまでの時間を測定する。例えば、10分以上フォームページに滞在したユーザー数を計測した「フォームの利便性調査」などに活用できる
		トリガー グループ	複数のトリガーの条件を1つの条件として発動する。トリガー グループは、選択したすべてのトリガーが1回以上配信された後にのみ配信される。「Aページの半分までスクロール且つ、Aページ内で掲載しているバナーをクリック」という複数条件でのタグ配信が可能
		履歴の変更	履歴変更のイベントに基づくトリガーは、URLの一部（ハッシュ）が変更されたとき、またはサイトでHTML5 pushState APIが使用されたときにタグを配信します。このトリガーは、Ajaxアプリケーションなどの仮想ページビューをトラッキングするタグを配信する場合に便利

参考 https://support.google.com/tagmanager/topic/7679108?hl=ja&ref_topic=7679384

4-3

変数の種類について

　変数とはプログラミングの経験がない方にとっては耳慣れない言葉だとは思いますが、プログラミングの用語で「変数＝数字や単語を入れておく箱」のようなものと言われています。GTMでは、例えばGAのトラッキングIDや計測するページのURLのような情報を変数として定義します。[4-1]で「GAプロパティのIDを登録する方法」でも解説しましたが、計測対象とするGAのトラッキングIDを変数登録することで、ページビューやイベント計測など何度もGAタグを設定する場合に便利です。GAタグの設定の際に毎回トラッキングIDを登録する必要がなく、登録済みの変数を選択することでタグを設定できます。

　それでは変数の種類について解説します。左側の変数メニューをクリックすると「組み込み変数」と「ユーザー定義変数」の2種類の変数を確認できるので、それぞれ説明をします。

図4-4-1　ワークスペース →「変数」

組み込み変数

　組み込み変数とは、よく使用される値をGTM側があらかじめ変数として用意したものです。カスタマイズできない特殊なタイプの変数となります。例えば、トリガー発火の対象ページの指定に使用する「Page Path」や「Page URL」などは組み込み変数の1つです。組み込み変数の右上の「設定」をクリックすることで、組み込み変数をすべて確認できます。チェックボタンを有効にすることで利用できます。

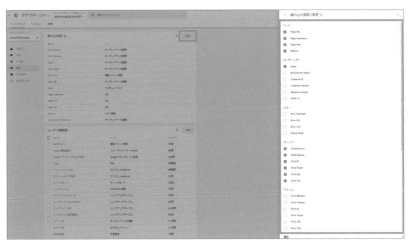

図4-4-2　組み込み変数の設定

　組み込み変数は、ページ、ユーティリティ、エラー、クリック、フォーム、履歴、動画、スクロール、可視性の9項目に分類されています。ウェブサイト用の組み込み変数は2022年5月現在で44種類あります。詳しくは次表でご確認ください。

組み込み変数の種類と概要一覧（ウェブサイト用）		
分類	変数名	説明
ペ ー ジ	Page Hostname	現在のURLのホスト名
	Page Path	現在のURLのパス
	Page URL	現在のページの完全なURL
	Referrer	現在のページの完全な参照元URL

分類	変数名	説明
ユーティリティ	Container ID	コンテナの公開IDです（例: GTM-XKCD11）
	Container Version	コンテナのバージョン番号を示す文字列
	Environment Name	コンテナのリクエストが、環境の「プレビューの共有」リンクや環境スニペットから行われた場合は、ユーザー指定の現在の環境名になる。組み込み環境の場合は、「リアルタイム」、「最新」、「編集中」のいずれかが返される。それ以外の場合は、空の文字列が返される
	Event	dataLayerのevent キーを取得します。値は、現在のdataLayerイベントの名前（gtm.js、gtm.dom、gtm.load、カスタム イベントの名前など）になる
	HTML ID	カスタムHTMLタグが成功したか失敗したかを表示する。タグの順序付けと併用する
	Random Number	乱数値が返される
エラー	Error Message	JavaScriptエラートリガーの成立時に、dataLayerのgtm.errorMessageキーを取得する。値はエラーメッセージを含む文字列になる
	Error URL	JavaScriptエラートリガーの成立時に、dataLayerのgtm.errorUrlキーを取得する。値はエラーが発生したURLを含む文字列になる
	Error Line	JavaScriptエラートリガーの成立時に、dataLayerのgtm.errorLineキーを取得する。値はエラーが発生したファイルの行数になる
	Debug Mode	コンテナがプレビューモードで実行されている場合は、trueが返される
クリック	Click Element	クリックトリガーの成立時に、dataLayerのgtm.elementキーを取得する。値はクリックが発生したDOM要素に参照される
	Click Classes	クリックトリガーの成立時に、dataLayerのgtm.elementClassesキーを取得する。値はクリックされたDOM要素のclass属性の文字列になる
	Click ID	クリックトリガーの成立時に、dataLayerのgtm.elementIdキーを取得する。値はクリックされたDOM要素のid属性の文字列になる
	Click Target	クリックトリガーの成立時に、dataLayerのgtm.elementTargetキーを取得する
	Click URL	クリックトリガーの成立時に、dataLayerのgtm.elementUrlキーを取得する
	Click Text	クリックトリガーの成立時に、dataLayerのgtm.elementTextキーを取得する
フォーム	Form Classes	フォームトリガーの成立時に、dataLayerのgtm.elementClassesキーを取得する。値はフォームのclass属性の文字列になる
	Form Element	フォームトリガーの成立時に、dataLayerのgtm.elementキーを取得する。値はフォームのDOM要素への参照になる

分類	変数名	説明
フォーム	Form ID	フォームトリガーの成立時に、dataLayerのgtm.elementIdキーを取得する。値はフォームのid属性の文字列になる
	Form Target	フォームトリガーの成立時に、dataLayerのgtm.elementTargetキーを取得する
	Form Text	フォームトリガーの成立時に、dataLayerのgtm.elementTextキーを取得する
	Form URL	フォームトリガーの成立時に、dataLayerのgtm.elementUrlキーを取得する
履歴	History Source	履歴変更トリガーの成立時に、dataLayerのgtm.historyChangeSourceキーを取得する
	New History Fragment	履歴変更トリガーの成立時に、dataLayerのgtm.newUrlFragmentキーを取得する。値は、履歴変更イベント後のページURLの一部分(ハッシュ)の文字列になる
	New History State	履歴変更トリガーの成立時に、dataLayerのgtm.newHistoryStateキーを取得する。値は、ページで履歴にプッシュされ、履歴変更イベントを発生させたステートオブジェクトになる
	Old History Fragment	履歴変更トリガーの成立時に、dataLayerのgtm.oldUrlFragmentキーを取得する。値は、履歴変更イベント前のページ URL の一部分(ハッシュ)の文字列になる
	Old History State	履歴変更トリガーの成立時に、dataLayerのgtm.oldHistoryStateキーを取得する。値は、履歴変更イベントが発生する前にアクティブだったステートオブジェクトになる
動画	Video Current Time	dataLayerのgtm.videoCurrentTimeキーを取得する。値は、再生中の動画でイベントが発生した時間(秒単位)を表す整数値になる
	Video Duration	dataLayerのgtm.videoDuration キーを取得する。値は、動画の長さ(秒単位)を表す整数値になる
	Video Percent	dataLayerのgtm.VideoPercentキーを取得する。値は、イベントが発生した時点で動画が再生されていた割合を表す整数値(0〜100)になる
	Video Provider	YouTube動画トリガーの成立時に、dataLayerのgtm.videoProviderキーを取得する。値は、動画提供元の名前(具体的には「YouTube」)になる
	Video Status	dataLayerのgtm.videoStatus キーを取得する。値は、イベントが検出されたときの動画の状態になる(「play」、「pause」など)
	Video Title	YouTube動画トリガーの成立時に、dataLayerのgtm.videoTitleキーを取得する。値は動画のタイトルになる
	Video URL	YouTube動画トリガーの成立時に、dataLayerのgtm.videoUrlキーを取得する。値は動画の URLになる(「https://www.youtube.com/watch?v=gvHcXIF0rTU」など)

分類	変数名	説明
動画	Video Visible	YouTube動画トリガーの成立時に、dataLayerのgtm.videoVisible キーを取得する。ビューポートに動画が表示されている場合はtrue に設定され、そうでない場合(スクロールしなければ見えない位置にある、バックグラウンドのタブにあるなど)はfalseに設定される
スクロール	Scroll Depth Threshold	スクロール距離トリガーの成立時に、dataLayerのgtm.scroll Thresholdキーを取得する。値はトリガーの配信につながったスクロール距離を示す数値になる。しきい値がパーセンテージの場合は0～100の数値、ピクセル数の場合はしきい値として指定されているピクセル数そのものが使用される
スクロール	Scroll Depth Units	スクロール距離トリガーの成立時に、dataLayerのgtm.scrollUnits キーを取得する。値は、「ピクセル」または「%」のいずれか(トリガーの配信につながったしきい値で指定されている単位を示すもの)となる
スクロール	Scroll Direction	スクロール距離トリガーの成立時に、dataLayerのgtm.scroll Directionキーを取得する。値は、「縦方向」または「横方向」のいずれか(トリガーの配信につながったしきい値の方向を示すもの)となる
視認可能性	Percent Visible	要素の視認性トリガーの成立時に、dataLayerのgtm.visibleRatio キーを取得する。値は、選択した要素のうち、トリガーの配信時に視認可能だった要素の割合を、1～100の数値で示したものになる
視認可能性	On-Screen Duration	要素の視認性トリガーの成立時に、dataLayerのgtm.visibleTime キーを取得する。値は、トリガーの配信時に選択した要素が視認可能だった時間を、ミリ秒単位の数値で示したものになる

参考　https://support.google.com/tagmanager/answer/7182738?hl=ja&ref_topic=7182737

ユーザー定義変数

　あらかじめ用意された変数ではなく、ユーザーが任意で設定できる変数です。複数のタイプがあり、タイプによって様々な値を取得できます。このChapterでも解説した、GAのトラッキングIDを変数として登録する方法もユーザー定義変数の1つです。ユーザー定義変数の右上の「新規」をクリックすることで、ユーザー定義変数を作成できます。

図4-4-3　ワークスペース →「変数」→「ユーザー定義変数」→「新規」

「新規」をクリック後、「変数の設定」エリアをクリックします。すると右側に「変数タイプを選択」が表示されるので、目的のタイプを選択します。

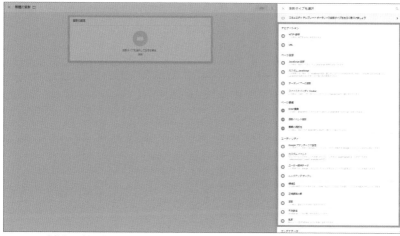

図4-4-4　変数タイプを選択

ユーザー定義変数は、ナビゲーション、ページ変数、ページ要素、ユーティリティ、コンテナデータの5項目に分類されています。ウェブサイト用のユーザー定義変数のタイプは2022年5月現在で21種類あります。詳しくは次表でご確認ください。

ユーザー定義変数の種類（ウェブサイト用）

ユーザー定義変数の種類（ウェブサイト用）	
分類	変数名
ナビゲーション	HTTP 参照
	URL
ページ変数	JavaScript 変数
	カスタム JavaScript
	データレイヤー
	ファーストパーティ Cookie
ページ要素	DOM 要素
	自動イベント変数
	要素の視認性

分類	変数名
ユーティリティ	Googleアナリティクス設定
	カスタム イベント
	ユーザー提供データ
	ルックアップ テーブル
	環境名
	正規表現の表
	定数
	未定義値
	乱数
コンテナデータ	コンテナ ID
	コンテナのバージョン番号
	デバッグモード

参考　https://support.google.com/tagmanager/answer/7683362

フォルダ分類

ここまででタグ、トリガー、変数の設定の仕方について学んできました。さまざまなタグの設置や計測設定を行うことで、タグ、トリガー、変数のアイテム数はどんどん増えていきます。一方でアイテム数が増える弊害として、何のタグを設置したのか、どのような計測設定を行っていたのか把握しづらくなります。煩雑になるタグ管理を効率化してくれるのが「フォルダ」機能です。「フォルダ」は名前のとおり、タグ、トリガー、変数をフォルダ分けすることができます。「フォルダ」を活用することで「広告用」「解析用」などの目的別にアイテムを整理して、タグを効率的に管理できます。

フォルダを利用するためには、まずは左メニューの「フォルダ」をクリックします。クリックすると設定したタグやトリガー、変数が「未整理のアイテム」として表示されています。右上の「新しいフォルダ」をクリックして、フォルダを作成します。

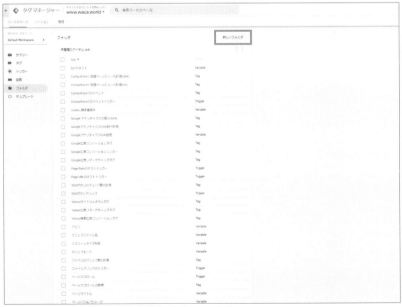

図4-5-1　ワークスペース →「フォルダ」→「新しいフォルダ」

フォルダ名は自由に設定できます。GA用のアイテムを整理したいので、今回は
「Googleアナリティクス」という名前を入力して、「作成」をクリックします。

図4-5-2　**新しいフォルダ（名前の入力）**

　新規フォルダを作成すると「フォルダ」画面の下に先程作成した「Googleアナ
リティクス」というフォルダが表示されています。フォルダの中には何もアイテム
が入っていないのでカッコ内の数字は0になっています。

図4-5-3　**ワークスペース →「フォルダ」**

　続いて、「Googleアナリティクス」フォルダに格納したいアイテムをチェックボッ
クスで選択します。格納したいアイテムを選択したら、「移動」ボタンをクリックします。

図4-5-4　**フォルダ画面から格納したいアイテムをチェック**

「Googleアナリティクス」のフォルダが表示されているので選択します。

図4-5-5　**格納したいフォルダを選択**

「Googleアナリティクス」フォルダに選択した6つのアイテムが移動して、フォルダ分けの作業は完了です。

	記事カテゴリー01の計測(GA4)	Tag
	記事カテゴリー01の計測(UA)	Tag
	記事カテゴリー02	Variable
	記事カテゴリー02のトリガー	Trigger

表示する行数 50 ∨　1〜50/58　< >

Googleアナリティクス (6)

	名前 ↑	タイプ
	Google アナリティクスの導入(GA4)	Tag
	Googleアナリティクス(UA)全PV計測	Tag
	Googleアナリティクス(UA)設定	Variable
	Google広告コンバージョンタグ	Tag
	Google広告コンバージョンリンカー	Tag
	Google広告リマーケティングタグ	Tag

利用規約・プライバシーポリシー

図4-5-6　**指定フォルダにアイテムが移動**

GTMを長期に渡って管理するとアイテムの数が数十個以上になることは珍しくありません。担当者変更で前任の担当者が作成したタグがわからない、代理店などの関係者が増えて関与していないアイテムが大量にあるなどはよくある話ですので、最初からフォルダ分けを行い、タグ管理することを推奨します。

タグを公開する前に動作確認をしよう

タグ設定を完了したら、公開することで本番環境にタグを配信できます。しかし、いきなり公開するのではなく、設定したタグが正しく発火しているかどうか確認してから公開しましょう。GTMではプレビューとデバッグモードを使用することで、コンテナを本番公開する前にタグの動作をテスト確認できます。

プレビューとデバッグモード

プレビューとデバッグモードを使用するためには、ワークスペースの右上にある「プレビュー」をクリックします。

図4-6-1　ワークスペース →「プレビュー」をクリック

プレビューをクリックすると別タブで「Google Tag Assistant」というページが開きます。

図4-6-2　**Google Tag Assistant**

　表示画面の「Your website's URL」にGTMタグを設置したサイトのURLが入力されていることを確認し、「Connect」をクリックします。

図4-6-3　**GTMタグを設置したサイトURLを確認後、「Connect」をクリック**

　「Connect」をクリックするとデバッグとプレビューモードが開きます。画面右下の「Tag Assistant」のポップアップが「Tag Assistant Connected」と表示されているか確認します。

図4-6-4 「Tag Assistant Connected」の表示

Google Tag Assistant（Chrome拡張機能）[1]をインストールしている場合は、デバッグとプレビューモードは同じウィンドウで、それぞれ別タブで開きます。

● Google Tag Assistantをインストールしている場合

図4-6-5 デバッグとプレビューモードはGTM管理画面と同じウィンドウで開く

....

[1] Google Tag Assistant：https://chrome.google.com/webstore/detail/tag-assistant-legacy-by-g/kejbdjndbnbjgmefkgdddjlbokphdefk

● Google Tag Assistantをインストールしてない場合

図4-6-6　デバッグとプレビューモードはGTM管理画面と別ウィンドウで開く

Google Tag Assistant（Chrome拡張機能）をインストールしていない場合は、デバッグとプレビューモードは別ウィンドウで開きます。

なお、89ページ、図4-6-3内の「Connetct Tag Assistant to your site」の一番下にある「Include debug signal in the URL」にチェックが入っている場合にのみ「?gtm_debug=●●」というパラメータが付与されます。パラメータ付与のメリットとして、GA4のDebugViewの利用ができることです。GTMのプレビューモードで閲覧サイトを操作しながら、GA4でイベントが正しく計測できているか確認できます。

図4-6-7　プレビューモードのURLパラメータ

Google Tag Assistantをインストールするメリット

　Google Tag Assistantをインストールすることにより別タブが開かれてタグの動作検証ができるため、デベロッパーツール（検証機能）を利用することでタグやClass名の確認を併せて検証できます。また、スマホの動作検証も行えます。

※Google Chromeであれば、Windowsは「F12キー」、Macは「option＋command＋i」にてデベロッパーツールが開きます。

図4-6-8　**Google Chome デベロッパーツール**

　また、クリックした際に新規タブで開く指示である「target="_blank"」が含まれるリンククリックの場合も別タブで開かれるため、行動を継続して計測できます。※Google Tag Assistantをインストールしていない場合は新規ウィンドウでページが開くため、プレビューモードによる行動の計測が途切れます。

　その他、プレビューモードの動作安定性の向上が見込まれます。このことから、プレビューモードを利用する際はGoogle TagAssistantのインストールをおすすめします。

　デバッグとプレビューモードが表示された後に、「Google Tag Assistant」の画面に表示を切り替えます。その際にタブ名が「Google Tag Assistant」から「Tag Assistant [Connected]」という名称に変わっていることが確認できます。GTMの管理画面とデバッグとプレビューモードがつながっていることがわかります。

図4-6-9　**Tag Assistant [Connected]**

「Tag Assistant [Connected]」のページで「Connected!」が表示されている
ことを確認してから、「Continue」のボタンをクリックします。次からはいよいよ
設定したタグが正しく発火しているか確認をします。

図4-6-10　**「Continue」ボタンをクリックでプレビューモードが開く**

Tags（タグ）

「Tag Assistant［Connected］」で表示されている「Tags」のタブの画面では、タグの発火状況を確認できます。

Tagsのタブには「Tags Fired」と「Tags Not Fired」の2つが表示されています。「Tags Fired」の欄にあるタグは発火しているタグで、「Tags Not Fired」の欄にあるタグは発火していないタグとなります。

今回はChapter 2で解説したLOCALで作成したウェブサイトを例に解説をします。
デバッグとプレビューモードを開いた段階では「メニューのクリック計測（UA）」というタグは「Tags Not Fired」の欄に表示されており、タグが発火していないことが確認できます。

図4-6-11 プレビューモード「Tags」

「メニューのクリック計測（UA）」タグは、ウェブサイトの上部のメニューボタンがクリックされると発火し、GAのメニューボタンのクリック数をイベント計測できるように設定しています。メニューのクリック計測（UA）」タグが発火するかどうか検証するために、メニューボタンにある「ホーム」をクリックします。

図4-6-12 プレビューモードで上部のボタンをクリック

「メニューのクリック計測（UA）」の表示が「Tags Not Fired」から「Tags Fired」に移動しました。「メニューのクリック計測（UA）」タグが無事発火したことが確認できました。このようにデバッグとプレビューモードは、対象ページでタグの発火条件を実際に行動してみることで、本番公開前にタグの発火が条件どおりに行われるのか確認できます。次からは「Tags」以外のメニューについても解説します。

図4-6-13　「メニューのクリック計測（UA）」が「Tags Not Fired」から「Tags Fired」へ移動

イベントリスト

GTMで取得したイベントリストは、左側のナビゲーションに表示されています。例えば、リンクがクリックされたときの「Link Click」やブラウザがHTMLソースを読み込んだときの「DOM Ready」、ウェブページを表示したときの「Window Loaded」などがイベントリストとして表示されます。イベントリストはページ単位でイベントを確認できます。

図4-6-14　プレビューモード「イベントリスト」

イベントリストから「Link Click」をクリックし、「Tags Fired」の「メニューの
クリック計測(UA)」をクリックすると、イベント内容の詳細を確認できます。

図4-6-15 「イベントリスト」→「Link Click」

カテゴリ、アクション、ラベルなどのイベント内容を確認できます。

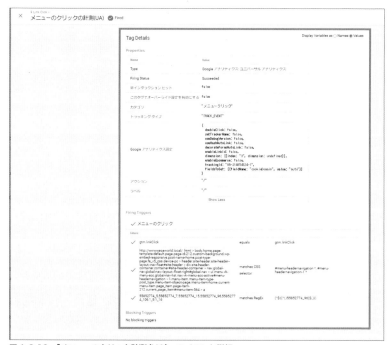

図4-6-16 「メニューのクリック計測(UA)」のイベント詳細

Variables（変数）

変数の種類、返されたデータの種類、解決値など、選択したイベントの変数に関する詳細情報が表示されます。イベントが発生した時点の変数の状態を表示するには、左側のナビゲーションでイベントを選択します。

図4-6-17　プレビューモード「Variables」

Data Layer（データレイヤー）

選択したイベントに応答してデータレイヤーにプッシュされたのとまったく同じメッセージと、そのメッセージのトランザクションが完了した後のデータレイヤーの状態が表示されます。イベントが発生した時点のデータレイヤーの状態を表示するには、左側のナビゲーションでイベントを選択します。

図4-6-18　プレビューモード「Data Layer」

Errors（エラー）

タグの起動が失敗した場合に、対象のタグと原因となったエラーの詳細が表示されます。

プレビューとデバッグモードを終了する

プレビュー モードを終了してデバッグを停止するには、次のいずれかを行います。

1. デバッグとプレビューモードの右下に表示された「Tag Assistant」のウィンドウで「Finish」をクリック

図4-6-19 「Tag Assistant」→「Finish」

2. Tag Assistantの左上の「×」をクリックします
「Stop Debugging」のポップアップが表示されるので、「Stop debugging」のボタンをクリックします。

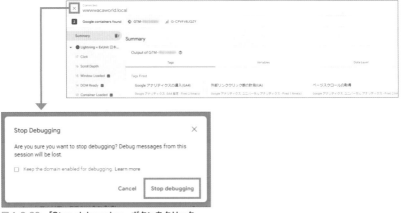

図4-6-20 「Stop debugging」ボタンをクリック

タグを本番環境に公開しよう

　デバッグとプレビューモードでタグの発火が確認できたら、本番環境に公開しましょう。タグの設定だけではサイト上に反映されません。公開することでタグ設定が本番環境に反映されます。まずは右上の「公開」ボタンをクリックしましょう。

図4-7-1　ワークスペース →「公開」

　「公開」ボタンをクリックすると「バージョンの公開と作成」の画面が開きます。「バージョン」とは特定の時点のコンテナ設定のスナップショットです。バージョンとして保存することで必要に応じて元の設定に戻すことができます。例えば、公開したタグ設定に不具合が発生した場合は、過去の設定にすぐに戻すことができます。

　バージョンは任意で名前をつけたり、メモ書きとして説明文を記入したりできます。設定した内容が簡単にわかるようなバージョン名が良いでしょう。今回は「Googleアナリティクス全PV計測タグ追加」というバージョン名を入力して、右上の「公開」ボタンを再度クリックして公開完了です。

図4-7-2　送信設定 (バージョン名の編集)

バージョンのタブをクリックすると、これまで公開したバージョン情報を確認できます。

図4-7-3　ワークスペース →「バージョン」

過去のバージョンに戻すためには、該当のバージョンの右の「⋮」をクリックし、「最新バージョンに設定」を選択します。

図4-7-4　バージョン →「最新バージョンに設定」

「最新バージョンに設定する場合」を選択すると、下記画像のメッセージが表示されるので、「最新バージョンに設定」を再度クリックします。選択した過去のバージョンが最新バージョンとして反映されます。

図4-7-5　最新バージョンにする場合のポップアップ画面

正規表現

正規表現とは

　フィルタを行う際に、「〜の文字で始まる」「任意の文字列を含む」「数値データのみ抽出」などのように、正規表現を使用することで細かい条件指定を行えます。

　GTMなど多くの分析ツールには、データをフィルタするための様々な機能が提供されています(含む、完全に一致する、〜で始まる、〜で終わるなど)。しかし、正規表現を利用することにより、フィルタでは抽出できない細かな条件を指定し、柔軟なデータ抽出ができるようになります。

Google Tag Manager で覚えておきたい正規表現

	正規表現 (メタ文字)	説明	例
①	.	任意の1文字(文字、数字、記号)に一致	**「1.」で一致するデータ:** 「1」の後に「.」なので、「1+任意の一文字」の文字列を絞り込む 例)10、1A **「1.1」で一致するデータ:** 「1」の後に「.」、その後に「1」なので、「1+任意の一文字+1」の文字列を絞り込む 例)111、1A1
②	?	直前の文字が0回または1回出現する場合に一致	**「10?」で一致するデータ:** 例)1、10
③	+	直前の文字が1回以上出現する場合に一致	**「10+」で一致するデータ:** 直前の文字が「0」なので、「0」が1つ以上含まれている文字列を絞り込む 例)10、100
④	*	直前の文字が0回以上出現する場合に一致	**「1*」で一致するデータ:** 例)1、10
⑤	|	OR条件を作成する	**「1|10」で一致するデータ:** 「1」か「10」の文字列を絞り込む 例)1、10

アンカー

	正規表現 (メタ文字)	説明	例
⑥	^	隣接する文字が文字列の先頭である場合に一致	**「^10」で一致するデータ:** 隣接する文字が「10」なので、「10」で始まる文字列を絞り込む 例)10、100、10x **「^10」で一致しないデータ:** 以下は「10」で始まらないために絞り込めない 例)110、110x
⑦	$	隣接する文字が文字列の末尾である場合に一致	**「10$」で一致するデータ:** 隣接する文字が「10」なので、「10」が末尾の文字列を絞り込める 例)110、1010 **「10$」で一致しないデータ:** 例)100、10x

グループ

	正規表現 (メタ文字)	説明	例
⑧	( )	囲まれた文字が同じ順序で文字列に含まれる場合に一致 ほかの正規表現をグループ化する場合にも使用する	**「(10)」で一致するデータ:** 「10」が囲まれているため、「10」が含まれている文字列を絞り込む 例)10、101、1011 **「([0-9]|[a-z])」で一致するデータ:** すべての数字と小文字
⑨	[ ]	囲まれた文字が任意の順序で文字列に含まれる場合に一致	**「[10]」で一致するデータ:** 「10」が囲まれているため、「1」と「0」が含まれている文字列を絞り込む 例)012、120、210
⑩	-	角かっこ内の文字範囲が文字列に含まれる場合に一致	**「[0-9]」で一致するデータ:** 例)0〜9のすべての数字

エスケープ文字

	正規表現 (メタ文字)	説明	例
⑪	\	隣接する文字を正規表現のメタ文字としてではなく通常の文字として解釈するよう指定	「\.」と指定すると、隣接するドットがワイルドカードとしてではなく、ピリオドや小数点として解釈される 正規表現内で「.」は「任意の1文字」として絞り込まれるため、「.」を通常の「ドット」として使用するには「\.」を使用する **「216\.239\.32\.34」で一致するデータ:** 例)216.239.32.34

Googleタグマネージャーの設定例

タグの発火条件を正規表現で指定した例

　特定のページが閲覧された場合のみタグを発火させるというトリガーを作成する場合、例えば次のように4つのカテゴリが存在しており、「①お知らせ」以外のページでタグを発火させる条件を指定するケースを考えてみましょう。

①お知らせ
http://www.waca.world/category/news/

②更新情報
http://www.waca.world/category/update/

③イベント
http://www.waca.world/category/event/

④セール情報
http://www.waca.world/category/sales/

②③④の場合のみタグを発火

図4-8-1　複数条件を正規表現を使わずに指定する例

さまざまな絞り込み方法がありますが、筆者は次の方法で絞り込んでいます。

1. 「Page Path」 → 「含む」 → 「/category」 を指定し、「/category」 以下のすべてのパス(①②③④)を対象とする。
2. 「Page Path」 → 「含まない」 → 「news」 を指定し、「/category」 以下の 「news」 を除く①②③を対象とする。

このようにGTMのデフォルトのフィルタで特定のパスを含まないという指定ができますが、さらに複数のカテゴリが存在し、その中から特定のカテゴリのみを指定する場合は、条件式が次々と増えていきます。そのような場合に正規表現を利用することで、条件式を増やさずに1行で条件を絞り込めます。

図4-8-2　複数条件を正規表現を使って指定する例

Google Tag Managerで覚えておきたい正規表現の説明表の⑤「 | 」を利用して、「/category/」 以下の 「「update(更新情報)」 または 「event(イベント)」 または 「sales(セール情報)」 の場合に一致」 と、絞りたいカテゴリをOR条件で指定します。さらに⑧ 「()」 により、「囲まれた文字が同じ順序で文字列に含まれる場合に一致」 を利用して、これらの条件をグループ化しています。

このように正規表現を使うことで、2行だったフィルタを1行で表現できます。フィルタの条件が5、6、7行…と増加した場合でも、正規表現を使えば1行で同様のフィルタを行えるためスッキリと表現でき、フィルタの追加や削除を行う際のメンテナンス作業工数も減少させられます。

4-9

データレイヤー変数

データレイヤー変数とは

　まず、GTMには「データレイヤー」と呼ばれる仕組みがあることを理解しておきましょう。ウェブサイトとGTMが通信をする際には、ページビューやクリックなどのさまざまなデータが通信されます。データレイヤーとは、その通信の際に発生するデータを保管している「データ保管箱」とイメージしてください。

> **POINT**
> データレイヤー ≒ データ保管箱

　サイト上でGTMのスニペットコードが読み込まれるごとに、データレイヤーの中にサイトで得たデータが送られ、その送られたデータを基にタグやトリガーが動作しています。つまり、GTMの機能としてさまざまな「タグ」や「トリガー」を利用できますが、それらはデータレイヤーの中に貯まっているデータを活用して動作しているという状況です。「Page URL」や「Click URL」といった、よく使われるデータはGTMがデフォルトの機能として用意をしているため、そのまま利活用ができます。

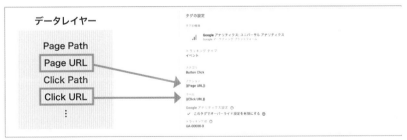

図4-9-1　**データレイヤーの仕組み**

　データレイヤーの中のデータを活用してGTMでタグを動かしているということは、データレイヤーの中に存在しないデータをGTMで取り扱うことは当然できません。では、データレイヤーに入っていないデータとは、どういったものでしょうか。

例えば次の2つなど、具体的には「サイト上のテキストコンテンツとして直接存在しない動的データ(データベースから引っ張り出して表示しているもの)」などが挙げられます。

- ログインしたユーザーの「ユーザーID」
- 会員サイトの場合の「会員ID」「会員ランク」

このようなデータをGTMのデフォルトの機能で収集することはできないため、タグ内の「変数」や「トリガー」として設定できません。

こういったケースの場合に、データレイヤーの中に新たにオリジナルのデータを追加し、GTMで「タグ」や「トリガー」として動かす方法があります。そのオリジナルデータを追加する仕組みを「データレイヤー変数」と呼びます。

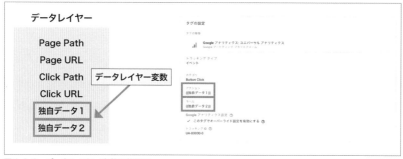

図4-9-2　データレイヤー変数の仕組み

POINT
データレイヤー変数とは、デフォルトでは取得できない独自データをGTMに渡すことで、GTM内でタグやトリガーとして活用できる仕組み。

データレイヤー変数の作り方

データレイヤー変数は上述のようにデフォルトでは存在しない独自データのため、変数として作成をすることから始めます。

データレイヤー変数を作成する大まかな流れを列挙します。後ほど、1つずつ見ていきましょう。

Ⅰ. JavaScriptの実装
Ⅱ. データレイヤー変数の定義
Ⅲ. カスタムイベントの定義
Ⅳ. カスタムディメンションの作成

Ⅰ. JavaScriptの実装

デフォルトでは取得できない独自データを計測するためには、その独自データをGTM側に送る必要があります。そこで、その「独自データをGTMに送信する仕組み」として、まずは「サイト側にJavaScriptを記述」します。

次のコードを<head>内の「GTMのコンテナスニペットよりも前の位置」に追記します。

GTMのコンテナスニペットよりも前の位置に記述

```
<script>
    window.dataLayer = window.dataLayer || [];
</script>
<!-- Google Tag Manager -->
・・・・・・
<!-- End Google Tag Manager -->
```

次に、GTM側に送り込む独自データを記述します。サイト内の独自データをGTMのデータレイヤーに送り込む記述方法として、次の2つがあります。

① 「＝」を使う方法
② 「datalLayer.push」を使う方法

まずは、①の「＝」を使う記述を見ていきましょう。例えば、「ログインID」と「会員ランク」をデータレイヤー変数（独自データ）としてGTMで取得する場合を想定します。この場合、GTM側で取り扱う変数名として「ログインID＝loginID」「会員ランク＝memberRank」と仮の名前をつけてみました。

図4-9-3　データレイヤー変数として追加

サイト側に記述するコード

```
<script>
  dataLayer = [{
    'loginID': 'abc123',
    'memberRank': 'ゴールド会員'
  }];
</script>
```

　「:」の後のデータが変数としてGTMのデータレイヤーに送り込まれます。つまり、この送り込まれるデータが「動的に変わるデータ」の場合は、「その動的に動く値を変数として設定」します。※PHPなど。

　次に②の「datalLayer.push」を使う記述を見ていきましょう。こちらも①と同様に「ログインID」と「会員ランク」をGTMで取得する場合を想定します。

サイト側に記述するコード

```
<script>
dataLayer.push({
    'loginID': 'abc123',
    'memberRank': 'ゴールド会員'
});
</script>
```

①と②の違い

　①の場合は「＝」なのでデータレイヤー内のデータを上書きします。前述のとおりデータレイヤーはGTMにデフォルトで存在しており、①の場合はその既存データを上書きする形式を取るため「GTM→データレイヤー→（データを）上書き」の形式となります。つまり、GTMのコンテナスニペットの前に記述されなければ「データレイヤーが存在しない…」といったエラーとなります。また、既存データが上書きされるため、同一の変数名が既に存在している場合は「データが書き換わるため注意が必要」です。

　②の場合はJavaScriptの記述に「Push」とあるように、データレイヤー内にデータを追加する形式を取るため「GTM→データレイヤー←（データを）追加」の形式となります。つまりデータが上書きされることはないため、コンテナスニペットの後に記述されてもエラーは出ず、データの追加が可能です。

　データを上書きして誤ったデータに塗り替えられてしまうトラブルを防ぐためにも、②の「Push」でデータを追加する形式がおすすめです。

イベントの作り方

　これまで、ログインIDや会員ランクを取得するデータレイヤー変数の作成方法を紹介しましたが、これらの独自データを「取得するタイミング」はどうすれば良いでしょうか。すべてのページで「ログインID」と「会員ランク」を送信し続けるのであれば、「トリガー：All Pages」でも不可能ではないですが、無駄なヒットが発生して負荷が高まるばかりで現実的ではありません。今回の場合は「ユーザーがログインに成功した際に、ログインIDと会員ランクを取得」が最も効率的です。

　データレイヤー変数は単に独自データのみならず、そのデータをGTM側に送り込む「タイミング ≒ トリガー」として「カスタムイベント」を作成できます。カスタムイベントをトリガーとすることで、「イベント：ログインが成功したときにログインIDと会員ランクを取得する」といった動的データを取得できるようになります。

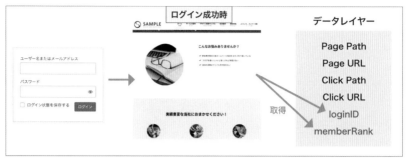
図4-9-4　ログイン成功時にデータレイヤー変数を取得

　データレイヤーの中に独自イベントを取り込むためには、次のJavaScriptを「サイト側」に記述します。

サイト側に記述するコード

```
<script>
dataLayer.push({
    'loginID': 'abc123',
    'memberRank': 'ゴールド会員',
    'event': 'login'
});
</script>
```

　「event」と記述することで、「:」の後の名称を「イベント名としてGTMで動作」させられます。

POINT
　変数の場合は「変数名：値」、イベントの場合は「event：イベント名」となります。

データレイヤー変数のGTM内での使い方

　ここまでで、サイト側から独自データ(変数・イベント)をGTMに送ることができました。しかし、GTM側からするとただ送りつけられたデータに過ぎず、データの扱い方がわからないため、GTM内でタグやトリガーとして動かすことはできません。

　GTM内でタグやトリガーとして動作させるためには、サイト側からGTM側へ送られてきたデータを「変数」「イベント」として取り扱うことができるよう、GTM側

で定義が必要です。GTMでタグやトリガーとして利用するための定義方法について見ていきましょう。

Ⅱ. データレイヤー変数の定義

　GTMのタグで「変数」として取り扱えるよう、データレイヤー変数を定義しましょう。
　サイト側から送られたデータをGTMのタグ内で使用するための定義を「データレイヤー変数」と呼びます。

図4-9-5　データレイヤー変数として定義

1.「変数」をクリックし、ユーザー定義変数の「新規」をクリックします。

図4-9-6　「ユーザー定義変数」→「新規」をクリック

2. 名称は「ログインID」としました。変数タイプは「データレイヤーの変数」を選択します。

図4-9-7 「ページ変数」→「データレイヤー変数」を選択

3. 「データレイヤーの変数名」には、先ほどサイト側に実装した際の変数名「loginID」を指定します。同様に「会員ランク」を変数として活用する際は、こちらの変数名を「memberRank」と設定します。データレイヤーのバージョンはデフォルトの「バージョン2」のままで結構です。この状態で保存を押しましょう。

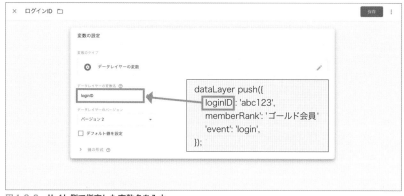

図4-9-8 サイト側で指定した変数名を入力

これで、サイト側から送られてきた独自データ「ログインID」をGTM内のタグで変数として扱えるようになります。

III. カスタムイベントの定義

次はトリガーとして動作させるための「イベント」を定義していきましょう。

1. 「変数」をクリックし、ユーザー定義変数の新規をクリックします。

図4-9-9 **「ユーザー定義変数」→「新規」をクリック**

2. 名称はここでは「ログイン時」としました。変数タイプは「ユーティリティ→カスタムイベント」を選択します。

図4-9-10 **「ページ変数」→「カスタムイベント」を選択**

3. 「イベント名」には、先ほどサイト側に実装した際のイベント名「login」を指定します。トリガーの発生場所は「すべてのカスタムイベント」「一部のカスタムイベント」を選択できます。すべてのページでイベントを発火する場合は「すべてのカスタムイベント」、特定のページのみを発火条件とする場合は「一部のカスタムイベント」を選択し、条件を指定しましょう。

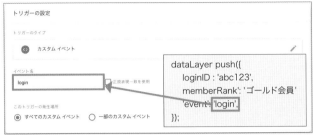

図4-9-11　サイト側で指定したイベント名を入力

　以上でトリガーの設定が完了しました。これで、GTMのデフォルトのデータレイヤーには存在していない「独自の変数・イベント」であるデータレイヤーを活用できます。

　次に紹介するものは「設定した変数が利用できること」「設定したイベントをトリガーとして活用できること」のタグのサンプルです。

図4-9-12　データレイヤー変数の設定例

Ⅳ. カスタムディメンションの作成

　[6-5　ブログの執筆者名・カテゴリー名の計測] にて、カスタムディメンションの設定方法について解説します。

　このように、GTMに存在しない変数やイベントを取り入れて独自のデータを扱うことにより、これまで取得できなかったデータも収集し、データ計測の幅を大きく広げられます。独自データを計測したい場合はデータレイヤーを活用しましょう。

Chapter 5

現場で使える逆引きレシピ
基本編

Chapter 5では、現場で活かせるGoogleタグマネージャーの活用方法について解説します。Googleアナリティクスのみでは計測できないコンバージョン設定が実現できるため、事業の成果に貢献できるアクセス解析の幅が拡がります。

5-1

Googleアナリティクスの導入 (UA、GA4)

　Googleタグマネージャー(以下、GTM)を使って Googleアナリティクスの計測を行う実装方法について見ていきましょう。Googleアナリティクスの計測はGTMを使うことにより、イベント計測を行う際に直接 HTML のソースコードを触る必要がなくなり、さまざまな変数が使えることでイベントの実装自体も容易になるため、はじめに実装しておきたい機能です。

　ここでは Googleアナリティクス(UA)とGoogleアナリティクス4(GA4)のそれぞれの実装方法について解説します。

Googleアナリティクスの導入〜UA編〜

1. Googleアナリティクスにログインします。
2. 左下メニュー内の「管理」をクリックします。

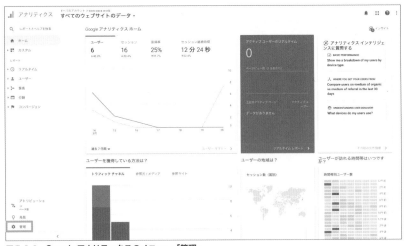

図5-1-1　Googleアナリティクスのメニュー「管理」

3. 管理画面内の中央の列「プロパティ」内のメニュー「トラッキング情報」→「トラッキングコード」をクリックします。

図5-1-2 「トラッキング情報」→「トラッキングコード」

4. 上部に表示される、UAから始まる「トラッキングID」を控えておいてください。

図5-1-3 UAから始まる「トラッキングID」を控える

5. GTMにログインします。左メニュー内「タグ」をクリックし、右部分の「新規」
をクリックします。

図5-1-4 「タグ」→「新規」をクリック

6. 上部に名前「Googleアナリティクス(UA)全PV計測」と入力し、「タグの設定」
をクリックします。

図5-1-5 「タグの設定」をクリック

7. メニュー内から「Googleアナリティクス：ユニバーサルアナリティクス」を選
択します。

図5-1-6 「Googleアナリティクス：ユニバーサルアナリティクス」を選択

8. (1) トラッキングタイプ：「ページビュー」

(2) Googleアナリティクス設定：「新しい変数」

をクリックします。

図5-1-7　Googleアナリティクス設定：「新しい変数」 をクリック

9. 「トラッキング ID」の入力ボックスに、先ほど Googleアナリティクスの管理画面で控えておいた、UAから始まる「トラッキングID」を入力します。その後右上の保存ボタンを押しましょう。

図5-1-8　UAから始まる「トラッキングID」を入力

POINT

Googleアナリティクス設定を使用せず、「このタグでオーバーライド設定を有効にする」にチェックをつけた後に表示される「トラッキングID」の入力欄にコードを入力しても、正常に計測できます。

「Googleアナリティクス設定」は一度設定をしておくと、同一のGoogleアナリティクスを計測する際に設定を呼び出して繰り返し使うことができます。

「このタグでオーバーライド設定を有効にする」の場合は、その都度トラッキングIDを入力しなければならないため、利便性の高い「Googleアナリティクス設定」の利用がおすすめです。

図5-1-9 **「このタブでオーバーライド設定を有効にする」の場合**

10. 続いてトリガーの設定を行いましょう。「トリガーを選択して…」をクリックします。

図5-1-10 **トリガーをクリック**

11. 「All Pages」を選択します。これで、全ページでGoogleアナリティクスの計測が行われます。

図5-1-11 **「All Pages」を選択**

12. 最後に「保存」を押せば、Googleアナリティクス(UA)の計測設定は完了です。

図5-1-12 **Googleアナリティクスの導入の設定例**

　Googleアナリティクスのタグが正常に動いているか、プレビューモードやGoogleアナリティクスのリアルタイムレポートで確認しておきましょう。

Googleアナリティクスの導入〜GA4編〜

続いて、GA4の計測設定について解説します。

1. GA4にログインし、「プロパティ」→「データストリーム」をクリックします。

図5-1-13 「プロパティ」→「データストリーム」をクリック

2. 計測対象ストリーム(今回はウェブ)の項目をクリックします。

図5-1-14 計測対象ストリームの項目をクリック

3. 「測定ID」をコピーし、控えておきましょう。

図5-1-15 「測定ID」を控える

4. GTMにてタグを作成します。わかりやすいタグの名称を記入し(サンプルは Googleアナリティクスの導入(GA4))、タグの設定をクリックします。

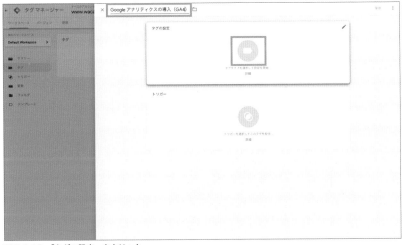

図5-1-16 「タグの設定」をクリック

5. 「Googleアナリティクス：GA4設定」を選択します。

図5-1-17　「Googleアナリティクス：GA4設定」を選択

6. 「測定ID」の入力箇所に、先ほどGA4の管理画面で控えた測定IDを記入します。また、その下の「この設定が読み込まれるときにページビュー イベントを送信する」にチェックをつけます。

図5-1-18　GA4の管理画面で控えた測定IDを記入

7. 続いてトリガーの設定を行います。トリガーの選択ボタンをクリックした後、「All Pages」を選択しましょう。これで、全ページでGoogleアナリティクスの計測が行われます。

図5-1-19 「**All Pages**」**を選択**

8. 最後に「保存ボタン」を押せば、Googleアナリティクス(GA4)の計測設定は完了です。本番環境で計測できるように「公開」ボタンを押してタグを公開しましょう。

図5-1-20 **Googleアナリティクスの導入の設定例**

9. タグが正常に動いているか、プレビューモードやGoogleアナリティクスのリアルタイムレポートで確認しておきましょう。

図5-1-21 **プレビューモードの確認画面**

外部リンククリック数の計測 (UA、GA4)

Googleアナリティクスは計測コードが埋め込まれているサイトのみが計測対象のため、管理しているGoogleアナリティクスで発行した計測コードが埋め込まれていないサイトは計測できません。Googleアナリティクスは通常サイトのドメイン単位で管理します。つまり、管理しているサイト内から別のドメインサイト（外部サイト）に遷移する際には計測が途切れてしまうため、そこから先は計測できません（クロスドメイン計測を実装することで、ドメイン間の計測を継続できます）。

外部リンククリックの計測を実装すべきシーン

1. サブドメインで複数サイトを運用しており、親ドメインまたは異なるサブドメインへのリンククリック数を計測する場合（例：「shop1.sample.com → sample.com」）
2. ドメインがまったく異なる外部リンクのクリック数を計測する場合（例：「sample.com → example.com」）
3. Googleアドセンス・アフィリエイト広告などの広告のクリック数を計測したい場合（例：「sample.com → 広告ページ遷移）

GTMでは「クリックトリガー」が用意されているため、通常では計測が途切れてしまう外部リンクのクリック数も容易に計測できます。「別ドメインのリンクがどの程度クリックされているかを把握したい」という場合は、次の手順で外部リンクのクリック数を計測しましょう。

外部リンククリック数の計測〜UA編〜

GTMにはリンクがクリックされた際に、さまざまなデータを簡単に取得する仕組みとして「変数」が用意されています。

クリック変数の例	
変数名	説明
Click Element	リンクのすべての要素 (URL、画像、テキストなど)
Click Classes	リンクに付与されているClass 例：exampleClass
Click ID	リンクに付与されているID 例：examplD
Click Target	リンクのaタグに含まれているTarget 属性 例： _blank
Click URL	リンクのURL 例：https://example.com
Click Text	リンクに含まれているアンカーテキスト 例：詳しくはこちら

リンククリック時にデータを取得できるように、最初に有効化しておきましょう。

1. 左メニュー内「変数」をクリックし、組み込み変数の「設定」ボタンをクリック
します。

図5-2-1 「組み込み変数」→「設定」ボタンをクリック

2. メニュー内の「クリック」の項目から、データ収集したい変数にチェックをつけ
ます。すべての項目にチェックをつけても問題ありません。

　チェックをつければ変数として利用できる準備が整います。続いて、トリガーを
設定していきましょう。自分が管理しているGoogleアナリティクスのドメイン以
外がクリックされた際にタグを動かして計測すれば良いので、「(管理している)ド

メイン以外のリンクがクリックされた際に発火」というトリガーを設定していきましょう。

3. トリガーの「新規」をクリックします。

図5-2-2 「トリガー」→「新規」をクリック

4. わかりやすいタグの名称を記入し(サンプルは「外部リンククリック」)、トリガーの設定をクリックします。

図5-2-3 トリガーの「設定」をクリック

5. 「クリック」→「リンクのみ」を選択します。

クリックトリガーには「すべての要素」「リンクのみ」の2種類がありますが、違いは以下のとおりです。

「すべての要素」「リンクのみ」の違い	
すべての要素	サイト上で発生したすべてのクリックが発火条件
	リンク以外でも「buttonタグのクリック」「(PDF)ダウンロードボタンのクリック」「画像のクリック」など、あらゆるクリック時に発火する
リンクのみ	URLリンクがクリックされた場合が発火条件
	「https://sample.com/」といったリンクから、「tel:」リンク、「mailto:」リンクなど、リンク形式をクリック時に発火する

ここでは外部リンククリックの計測のため、「リンクのみ」を選択しましょう。

図5-2-4　**「クリック」→「リンクのみ」を選択**

6.「クリック - リンクのみ」の設定を行います。

クリックトリガーの設定	
項目	**説明**
タグの配信を待つ：オン(任意)	設定した待ち時間の上限（2000ミリ秒＝2秒）までタグの配信を待つ 例えば、クリックした外部リンクがApple Storeのリンクだった場合、クリック後にApple Storeのアプリが立ち上がる。リンククリック後、GTMのタグが発火する前にApple Storeのアプリに遷移した場合、GTMのタグが動作してないためリンクのクリック数が計測できない結果となる。そうしたケースを想定し、こちらの設定を「オン」にしておくことで「指定した時間まで遷移を待つ」という設定が行える （例：2000ミリ秒待つ：Apple Storeのリンクがクリックされた際、アプリの立ち上げを最大2秒後に行う）
妥当性をチェック	リンクを開く操作が有効とみなされた場合にのみ、タグが配信される。つまり、クリックされた後に「別ページに遷移した場合のみカウント」するという解釈 一般的に「リンククリック＝別のページ遷移」となる。しかし「リンクをクリックしても別のページに遷移しないリンク」も存在する リンクというのは「<a href="">~</a>」という「<a>タグ」で指定されたものですが、「<a>タグ」をページ遷移以外で用いるケースがある 例えば、次の項目が該当する ・グローバルメニューから指定箇所に遷移する「ページ内リンク」 ・マウスカーソルを合わせた際に「リンクカーソル(指マークなど)を表示させたい場合」 このようなケースでは、リンクがクリックされてもページ遷移は発生しませんが、クリックイベントとしてタグが発火する ページ遷移を伴うリンクのみを計測する場合は「妥当性をチェック」をオンにする。オンにすることで「ページ遷移を伴うリンククリック」のみが計測対象となるため、外部リンククリック計測を含めてページ遷移のみのデータを計測できる

ここでは、次の設定にしておきましょう。
- ●タグの配信を待つ：オン
- ●妥当性をチェック：オン

このトリガーの発生場所：

トリガーの発生場所を指定します。「すべてのリンククリック」「一部のリンククリック」の差異を次に示します。

項目	説明
このトリガーの発生場所の違い	
すべてのリンククリック	サイトに含まれているリンクのクリックすべてを計測対象とする
一部のリンククリック	指定した条件に合致する場合にリンクのクリックを計測対象とする

外部リンクのクリックを計測する場合は「Googleアナリティクスで管理しているドメイン以外のリンク」を計測対象とします。そのため、ここでは「一部のリンククリック」を選択します。

図5-2-5 **「一部のリンククリック」を選択**

外部リンククリックの条件を設定します。

「Click URL」→「含まない」→「waca.world（Googleアナリティクスで管理しているドメイン）」を記入します。これにより「waca.world（管理しているドメイン）以外のリンクがクリックされた場合にのみ発火」という条件を指定できます。

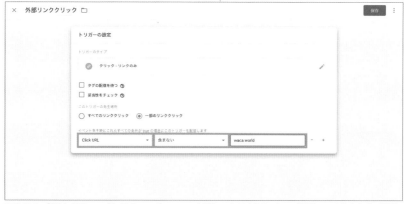

図5-2-6 「Click URL」→「含まない」→「waca.world（Googleアナリティクスで管理しているドメイン）」を記入

7. これでトリガーの設定は完了です。

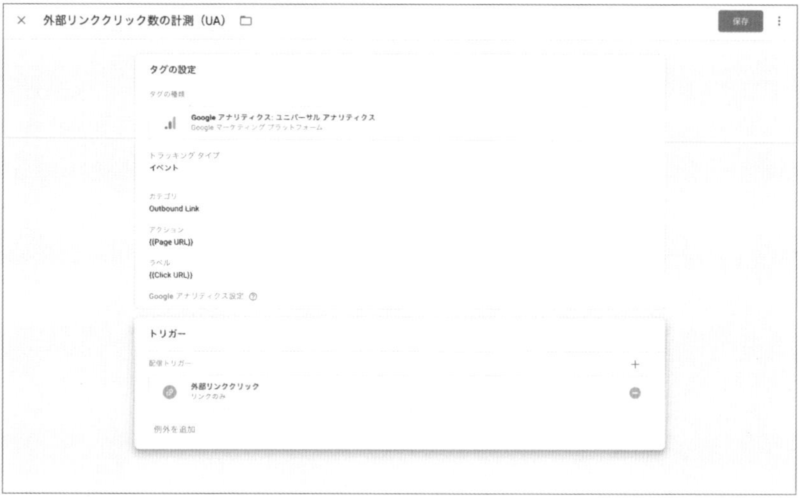

図5-2-7 外部リンククリック数の計測の設定例

8. 続いてタグの設定を行います。

わかりやすいタグの名称を記入し（サンプルは「外部リンククリック数の計測（UA）」）、タグの設定をクリックします。

9. Googleアナリティクス：ユニバーサル アナリティクスを選択します。

図5-2-8　**Googleアナリティクス：ユニバーサルアナリティクスを選択**

10. トラッキング タイプ：「イベント」を選択します。イベントを選択することにより、Googleアナリティクス内の「行動」→「イベント」レポートにデータが反映されます。

図5-2-9　**「イベント」の設定画面**

11. 次表を参考に、Googleアナリティクスのイベントタグを設定します。

イベントタグの設定例	
項目	入力値
カテゴリ	「Outbound Link」 (任意：わかりやすい名称を記入)
アクション	「{{Page URL}}」※ (任意：{{Page URL}}変数を指定することで「どのページで外部リンクがクリックされたか(例：blog/article10/)」を計測できる)
ラベル	「{{Click URL}}」 (任意：{{Click URL}}変数を指定することで「どの外部リンクがクリックされたか(例：https://example.com/)を計測できる
値	「(空白)」 (任意：値に設定された数値がGoogleアナリティクスのイベントレポート内で反映される。1クリック時のクリック単価など、参考数値があれば記入しておく。とくに参考数値がない場合は空白でもデータの取得に影響はない)

※イベントの「アクション」は「クリック」や「送信」など、通常はユーザーが実行した動作を入力します。ただ、場合によっては「アクション」を「クリックしたURL」などのデータにすることで、Googleアナリティクスのイベントレポート画面内でデータが一元的に見やすくなる利点があります。

図5-2-10　イベントの設定例

Googleアナリティクス設定：

　Googleアナリティクス変数を設定している場合はそちらを選択、設定していない場合は「このタグでオーバーライド設定を有効にする」を選択後、トラッキングIDを入力します。

図5-2-11　Googleアナリティクス設定を選択

12. 以上でタグの設定は完了です。トリガーには先ほど作成した「外部リンククリック」を指定して「保存」をクリックすれば、外部リンククリック数の計測が行えるようになります。

確認

　SNSボタンの中からFacebookボタンをクリックしてみます。

現在のURL：http://www.waca.world/

クリックURL：https://www.facebook.com/〜

　別ドメインのため通常は計測が途切れますが、設定したクリックイベントが動作しているかを確認してみましょう。

図5-2-12　SNSボタンをクリックして確認

Facebookアイコンをクリックするとプレビューモードの「Link Click」にて外部リンククリック数の計測が正常に行われていることが確認できます。

図5-2-13　プレビューモードの確認画面

さらに詳細を見ると、設定した項目が計測されていることが確認できます。
- カテゴリ：「Outbound Link」
- アクション：「Page URL」（外部リンクがクリックされたページ）
- ラベル：「Click URL」（クリックされた外部リンク）

図5-2-14　プレビューモードの詳細画面（Values）

外部リンククリック数の計測〜GA4編〜

GA4に導入されている「測定機能の強化イベント」の「離脱クリック」を有効化することにより、GTMを使わなくても外部リンククリック数に関するデータを計測できます。

GA4 離脱クリック	
イベント名	**説明**
click	現在閲覧しているドメインから別ドメインに遷移するリンクをクリックしたときに記録される ※クロスドメイントラッキング(詳細は[6-7 クロスドメイントラッキングの設定])が設定されたリンクに対しては、離脱クリックは計測されない

離脱クリックの代表的なパラメータ	
パラメータ	**説明**
link_classes	クリックされたリンクに付与されたClass名 例:link_inner
link_domain	クリックされたリンクのドメイン 例:sample.com
link_id	クリックされたリンクに付与されたID名 例:link_container
link_url	クリックされたリンクのURL 例:https://www.sample.com/

図5-2-15　**GA4のイベント確認画面**

Googleアナリティクス(UA)で設定した「どのページで外部リンクがクリックされたか(例:blog/article10/)」なども収集できるため、GA4の機能を利用しましょう。

メール送信 (mailto)クリック数の計測 (UA、GA4)

サイト上に「メールはこちら」のようなリンクが設置され、クリックするとメールソフト(クリックした人のパソコンで利用しているメールソフト、Outlook・Windowsメールアプリなど)が起動するケースがあります。これはリンクアドレスが「\<a href="mailto:info@example.com">メールはこちらへ\</a>」と設定されており、クリックすることでメールソフトが起動して送信できる仕組みです。

「お問い合せフォーム」から送信するケースも多くなっていますが、フォームは利用せずにメールソフトにて受け付けるサイトも存在しています。

OutlookやWindowsメールアプリなどのメールソフトにはGoogleアナリティクス計測コードを埋め込むことはできません。そのため、「mailto:」リンクがクリックされた際はそこで計測が途切れてしまい、リンクのクリック数を計測できません。

メール送信 (mailto)クリック数の計測を実装すべきシーン
1. リンクをクリックするとメールソフトが起動するサイト
2. メールリンクのクリック数をCVとして計測する場合

GTMでは「クリックトリガー」が用意されているため、通常では計測が途切れてしまうメールリンクのクリックも容易に計測できます。「メールリンクのクリック数を把握したい」という場合は、次の手順でメールリンクのクリック数を計測しましょう。

メール送信クリック数の計測〜UA編〜

メールリンクはリンクアドレスが「\<a href="mailto:info@example.com">メールはこちらへ\</a>」となっています。そこで、メールリンクのクリック数を計測するためには「mailto」が含まれるリンクがクリックされた際に発火するトリガーを設定します。

GTMの変数「Click URL」を利用するとクリックされたURLを取得できるため、「mailtoを含むリンク」を条件として指定できます。

1. 左メニュー内「トリガー」をクリックし、「新規」ボタンをクリックします。
わかりやすいトリガーの名称を記入し(サンプルは「メール送信(mailto)クリック数の計測」)、「トリガーのタイプを選択」をクリックします。

図5-3-1　**トリガーの「設定」をクリック**

2. 「mailto」はaタグ内のリンクのため、リンククリックをトリガーの条件とします。したがって、ここではクリック内の「リンクのみ」を選択します。

図5-3-2　**「クリック」→「リンクのみ」を選択**

3. トリガーの設定画面では次表を参考に設定しましょう。

トリガーの設定例	
項目	設定例
タグの配信を待つ	オフ
妥当性をチェック	オフ
このトリガーの発生場所	一部のリンククリックを選択
イベント発生時にこれらすべての条件が true の場合にこのトリガーを配信する	
左部	Click URL
中央部	含む
右部	mailto

　この設定により「クリックされたURLにmailtoが含まれている場合」と条件を指定できます。

4. 保存ボタンを押せばトリガーは完成です。

図5-3-3　メール送信 (mailto) クリック数の計測のトリガー設定例

　続いて、タグの設定を行いましょう。

5. 左メニュー内「タグ」をクリックし、右部分の「新規」をクリックします。上部に名前「メール送信（mailto）クリック数の計測」と入力し、「タグの設定」をクリックします。

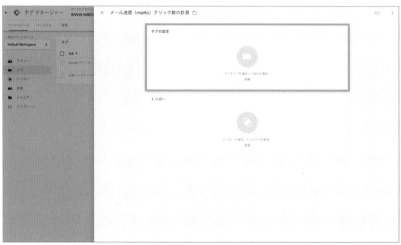

図5-3-4 **「タグの設定」をクリック**

6. メニュー内から「Googleアナリティクス：ユニバーサルアナリティクス」を選択します。

図5-3-5 **「Googleアナリティクス：ユニバーサルアナリティクス」を選択**

7. 次表を参考に、Google アナリティクスのイベントタグを設定します。

イベントタグの設定例	
項目	**入力値**
カテゴリ	「mailto Click」 （任意：わかりやすい名称を記入）
アクション	「{{Page URL}}」 （任意：{{Page URL}} 変数を指定することで「どのページでメールリンクがクリックされたか（例：blog/article10/）」を計測できる）
ラベル	「{{Click URL}}」 （任意：{{Click URL}} 変数を指定することで「どのメールリンクがクリックされたか（例：https://example.com/）を計測できる 複数のメールアドレスを利用している場合は設定しておくことをおすすめする
値	「(空白)」 （任意：値に設定された数値が Google アナリティクスのイベントレポート内で反映される。1 クリック時のクリック単価など、参考数値があれば記入しておく。とくに参考数値がない場合は空白でもデータの取得に影響はありません）

図 5-3-6　**「イベント」の設定画面**

　これでタグの設定は完了です。トリガーには先ほど作成した「メール送信（mailto）クリック数の計測」を指定して「保存」をクリックすれば、メールリンククリック数の計測が行えるようになります。

図5-3-7　**メール送信 (mailto)クリック数の計測の設定例**

メール送信クリック数の計測〜GA4編〜

　続いてGA4の設定方法について解説します。GA4もトリガーはGoogleアナリティクスの設定と同様のため、タグの設定から見ていきましょう。

1. 上部に名前「メール送信（mailto）クリック数の計測（GA4）」と入力し、「タグの設定」をクリックします。メニュー内から「Googleアナリティクス：GA4イベント」を選択します。

図5-3-8　**「Googleアナリティクス：GA4イベント」を選択**

2. タグの設定画面では、次表のとおりに入力します。

設定タグ / イベント名	
項目	解説
設定タグ	**「Googleアナリティクスの導入 (GA4)」** (「Googleアナリティクス：GA4設定」を作成していない場合は「なし - 手動設定したID」を選択の後、測定IDを入力する)
イベント名	**「mailto_click」** (任意：ここに入力した名称がGA4のイベント項目として表示される)

イベントパラメータ		
パラメータ名	値	説明
link_mail	{{Click URL}}	値に変数を利用することで、どのメールリンクがクリックされたかを取得できる(例：/mailto:support@example.com/) パラメータで指定した名称がGA4のイベントレポート項目として表示される

図5-3-9 **「GA4イベント」の設定画面**

3. 作成した「メール送信 (mailto) クリック数の計測」トリガーを設定し、保存で設定は完了です。

図5-3-10 「メール送信（mailto）クリック数の計測」トリガーを設定し、保存をクリック

　タグが正常に動いているか、プレビューモードやGoogleアナリティクスのリアルタイムレポートで確認しておきましょう。

図5-3-11 プレビューモードの確認画面

　2022年7月現在、GA4に導入されている「測定機能の強化イベント」の「離脱クリック」を有効化することにより、GTMを使わなくてもメール送信クリック数に関するデータを計測できるようになりました。

電話番号タップ数の計測
（UA、GA4）

　BtoBサイトやサポートサイトなど、ユーザーに電話申し込み・問い合わせを訴求するために、サイト上に電話番号を掲載しているケースも多いでしょう。電話番号に「Telリンク」を実装しておけば、スマートフォンでアクセスしたユーザーが電話番号部分をタップすることで、そのまま電話を発信できます。便利な機能ですが、通常のGoogleアナリティクスでは電話番号のタップ数を計測できません。

　電話申し込みや問い合わせ数を重要なKPIと設定している企業も多いことかと思います。ここでは、電話リンクのタップ数をGTMにより取得する方法について解説します。

　2022年7月現在、GA4に導入されている「測定機能の強化イベント」の「離脱クリック」を有効化することにより、GTMを使わなくても電話番号タップ数に関するデータを計測できるようになりました。

電話番号タップ数の計測を実装すべきシーン
1. BtoB企業、サポートサイト運営など、電話申し込みや電話問い合わせが中心のサイト
2. 電話申し込み数・問い合わせ数をKPIとしてGoogleアナリティクスで解析する場合

　GTMでは「クリックトリガー」が用意されているため、電話番号タップ数を容易に計測できます。「何回電話が発信されているのかを数値として把握したい」という場合は、次の手順で電話番号タップ数を計測しましょう。

電話番号タップ数の計測〜UA編〜

　「電話番号がタップされた際にタグを動かす」というトリガーから設定していきましょう。

1. トリガーの「新規」をクリックします。わかりやすいトリガーの名称を記入し(サンプルは「電話番号タップ」)、トリガーの設定をクリックします。ここでは「Tel:リンク」クリックの計測のため「クリック」→「リンクのみ」を選択します。

図5-4-1 **「クリック」→「リンクのみ」を選択**

2. 「クリック - リンクのみ」の設定を行います。

電話番号タップ(＝Tel:リンククリック)を条件とするため、下記を参考に入力します。

図5-4-2 **トリガーの設定画面**

3. これでトリガーの設定は完了です。

4. 続いてタグの設定をしていきましょう。「タグ」→「新規」をクリックし、わかりやすいタグの名称を記入し(サンプルは「電話番号タップ数の計測(UA)」)、タグの設定をクリックします。Googleアナリティクス：ユニバーサル アナリティクスを選択します。

おすすめ	
.ıl	**Google** アナリティクス: ユニバーサル アナリティクス Google マーケティング プラットフォーム
.ıl	**Google** アナリティクス: **GA4** 設定 Google マーケティング プラットフォーム
.ıl	**Google** アナリティクス: **GA4** イベント Google マーケティング プラットフォーム
⋀	**Google** 広告のコンバージョン トラッキング Google 広告

図5-4-3 **Google**アナリティクス：ユニバーサル アナリティクスを選択

5. トラッキング タイプ：「イベント」を選択します。イベントを選択することにより、Googleアナリティクス内の「行動」→「イベント」レポートにデータが反映されます。設定項目には次の入力をします。

イベントタグの設定例	
項目	入力値
カテゴリ	「Tel Tap」 （任意：わかりやすい名称を記入）
アクション	「{{Page URL}}」 （任意：{{Page URL}}変数を指定することで「どのページで電話番号リンクがタップされたか（例：blog/article10/）」を計測できる）
ラベル	「{{Click URL}}」 （任意：{{Click URL}}変数を指定することで「どの電話番号がクリックされたか（例：0120-xxx-xxx）を計測できる。複数の電話番号が掲載されているサイトの場合は必須の設定）
値	「(空白)」 （任意：値に設定された数値がGoogleアナリティクスのイベントレポート内で反映される。1クリック時のクリック単価など、参考数値があれば記入しておく。とくに参考数値がない場合は空白でも構いません）

図5-4-4 **イベントの設定例**

6. Googleアナリティクス設定：Googleアナリティクス変数を設定している場合はそちらを選択、設定していない場合は「このタグでオーバーライド設定を有効にする」を選択し、トラッキングIDを入力します。

図5-4-5　**Googleアナリティクス設定はいずれかを選択**

7.「タグを保存」により、タグの設定は完了です。トリガーには先ほど作成した「電話番号タップ」を指定して「保存」をクリックすれば完了です。

図5-4-6　**電話番号タップ数の計測の設定例**

確認

実際にスマートフォンなどから電話番号のリンクをタップしてみましょう。

図5-4-7　**電話番号リンクをタップして動作確認**

電話番号タップ数の計測〜GA4編〜

　続いて、GA4の設定方法について解説します。GA4もトリガーはGoogleアナリティクスの設定と同様のため、タグの設定から見ていきましょう。

1. 上部に名前「電話番号タップ数の計測（GA4）」を入力し、「タグの設定」をクリックします。メニュー内から「Googleアナリティクス：GA4イベント」を選択します。

図5-4-8　**「Googleアナリティクス：GA4イベント」を選択**

2. タグの設定画面では、次のとおりに入力します。

設定タグ／イベント名	
項目	解説
設定タグ	「Googleアナリティクスの導入 (GA4)」 (「Googleアナリティクス：GA4設定」を作成していない場合は「なし - 手動設定 したID」を選択の後、測定IDを入力する)
イベント名	「tel_click」 (任意：ここに入力した名称がGA4のイベント項目として表示される)

イベントパラメータ		
パラメータ名	値	説明
tap_tel	{{Click URL}}	値に変数を利用することで、どの電話リンクがクリックされたかを 取得できる(例：tel:000-1234-5678) パラメータで指定した名称がGA4のイベントレポート項目として 表示される

図5-4-9 「GA4イベント」の設定画面

3. 作成した「電話番号タップ数の計測」トリガーを設定し、保存で設定は完了です。

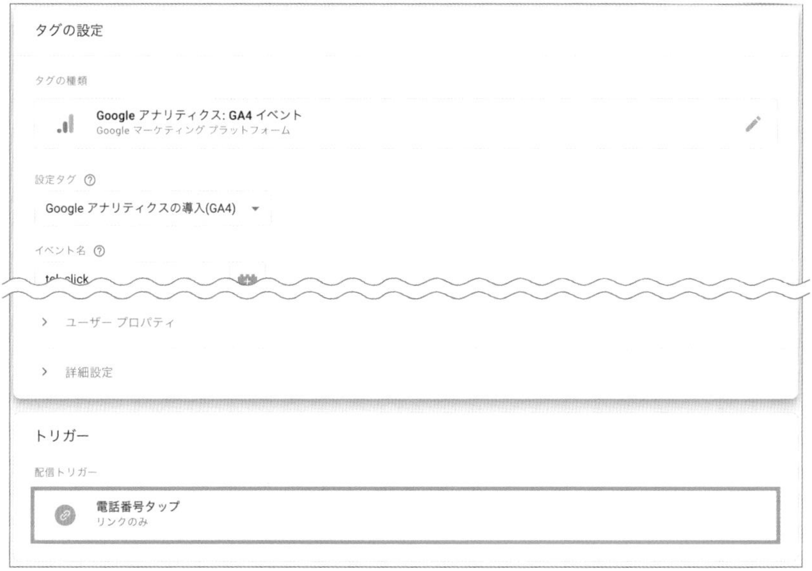

図5-4-10　**電話番号タップ数の計測の設定例**

　これでGA4のイベントレポートに電話番号タップのイベントが表示されます。タグが正常に動いているか、プレビューモードやGoogleアナリティクスのリアルタイムレポートで確認しておきましょう。

図5-4-11　**プレビューモードの確認画面**

　2022年7月現在、GA4に導入されている「測定機能の強化イベント」の「離脱クリック」を有効化することにより、GTMを使わなくても電話番号タップ数に関するデータを計測できるようになりました。

5-5

ボタンのクリック数の計測 (UA、GA4)

ボタンのクリック数の計測〜UA編〜

　今回はボタンについているClassを使って、ボタンのクリック数を計測します。ページ遷移を伴うボタンクリックの場合、前のページ遷移を確認することでボタンのクリック数を把握できます。しかし、ページ遷移を伴わないボタンクリック、例えばクリックでモーダルウインドウが表示される場合、該当画所へ遷移するページ内リンクの場合などは、何回ボタンがクリックされたのかを計測することは通常できません。さらに、ボタンにaタグによるリンク機能が備わっていない場合も計測できません。

　ボタンクリック数の計測を設定しておくことで、前のページ遷移を見ずともGoogleアナリティクス上で瞬時に数値を把握できるのもメリットの1つです。

ボタンのクリック数を実装すべきシーン
1. ページ遷移を伴わないアクションが発生するボタンクリック数を計測したい場合（例：モーダルウインドウ、ページ内リンクなど）
2. ボタンクリック数をGoogleアナリティクスで表示して瞬時に数値を把握したい場合
3. ボタンにaタグによるリンク機能が備わっていない場合

※計測対象のボタンに付与するClassは共通とする必要があります。まだ共通のClassが付与されていない場合はHTML内に付与しましょう。

1. ボタンについている共通のClassを確認します。Google ChromeであればF12キーでデベロッパーツールを開きます。

図5-5-1　デベロッパーツールの画面

2. 矢印マークを押すと、各要素のHTMLを表示することができます。こちらのボタンには「vk_button_link」が付与されていることが確認できます。

図5-5-2　デベロッパーツールでClass名を確認

3. こちらのボタンにも「vk_button_link」のClassが付与されていることが確認できるため、ボタンのクリック数計測はこの「vk_button_link」がクリックされた際に計測することでカウントできます。

図5-5-3　デベロッパーツールでClass名を確認

4. GTMの「変数」→「Click Classes」にチェックを付けます。

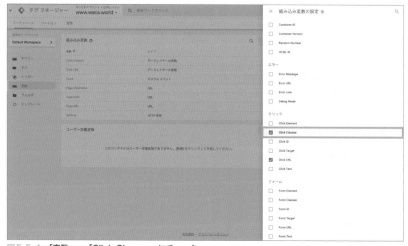

図5-5-4　「変数」→「Click Classes」にチェック

5. 「トリガー」→「新規」をクリックします。

図5-5-5 「トリガー」→「新規」をクリック

6. わかりやすい名前を付け(サンプルは「ボタンのクリック」)、「トリガーの設定」をクリックします。

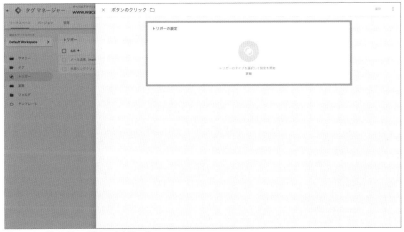

図5-5-6 「トリガーの設定」をクリック

7. 「クリック」→「すべての要素」を選択します。

図5-5-7 「クリック」→「すべての要素」を選択

8. トリガーの設定は下記を入力します。

トリガーの設定例	
このトリガー の発生場所	**一部のリンククリックを選択** ボタンのクリックを計測する場合は「特定のClassが付与されているボタン」を計測対象とする。つまり、Classが付与されている箇所(ボタン)のクリックを計測する必要があるため、ここでは「一部のクリック」を選択する
イベント発生時にこれらすべての条件が true の場合にこのトリガーを配信する	
左部	**「Click Classes」を選択** 変数でチェックを付けた「Click Classes」を指定する。これにより、クリックが発生した際のその要素のClassを取得する
中央部	**「含む」を選択**
右部	**「vk_button_link」を入力** 上記はサンプルのClass名。デベロッパーツールを利用してご自身の環境のClass名を確認し、入力する

保存を押せばトリガーの設定は完了です。

図5-5-8 ボタンのクリックのトリガー設定

9. 続いて、タグを設定していきましょう。「ワークスペース」→「タグ」→「新規」
をクリックします。

図5-5-9 「タグ」→「新規」をクリック

10. わかりやすい名前を付け(サンプルは「ボタンのクリック数の計測」)、「タグの
設定」をクリックします。

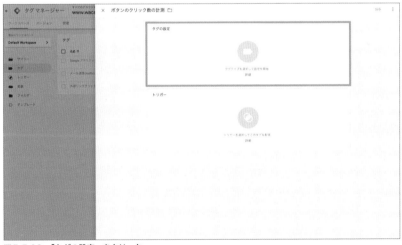

図5-5-10 「タグの設定」をクリック

11. メニュー内から「Googleアナリティクス：ユニバーサルアナリティクス」を選択します。

図5-5-11 「Googleアナリティクス：ユニバーサルアナリティクス」を選択

12. イベントタグを選択します。

イベントタグの設定例	
項目	入力値
カテゴリ	「Buutton_Click」 （任意：わかりやすい名称を記入）
アクション	「{{Page URL}}」 （任意：{{Page URL}}変数を指定することで「どのページでボタンがクリックされたか（例：blog/article10/）」を計測できる）
ラベル	「{{Click Text}}」 （任意：{{Click Text}}変数を指定することで、クリックされたボタンのテキストを取得できる（例：お問い合わせはこちら））
値	「（空白）」 （任意：値に設定された数値がGoogleアナリティクスのイベントレポート内で反映される。1クリック時のクリック単価など、参考数値があれば記入しておく。とくに参考数値がない場合は空白でも構いません）

図5-5-12 **「イベント」の設定画面**

　Googleアナリティクス設定：Googleアナリティクス変数を設定している場合はそちらを選択、設定していない場合は「このタグでオーバーライド設定を有効にする」を選択し、トラッキングIDを入力します。

13. 「タグを保存」により、タグの設定は完了です。トリガーには先ほど作成した「ボタンのクリック」を指定して「保存」をクリックすれば完了です。

図5-5-13 **トリガーを選択して右上の「保存」をクリック**

ボタンのクリック数の計測〜GA4編〜

続いて、GA4の設定方法について解説します。GA4もトリガーはGoogleアナリティクスの設定と同様のため、タグの設定から見ていきましょう。

1. 上部に名前「ボタンのクリック数の計測 (GA4)」と入力し、「タグの設定」をクリックします。メニュー内から「Googleアナリティクス:GA4イベント」を選択します。

図5-5-14 「Googleアナリティクス：GA4イベント」を選択

2. タグの設定画面では、次表のとおりに入力します。

設定タグ / イベント名	
項目	解説
設定タグ	「Googleアナリティクスの導入 (GA4)」 (「Googleアナリティクス：GA4設定」を作成していない場合は「なし - 手動設定したID」を選択の後、測定IDを入力する)
イベント名	「button_click」 (任意：ここに入力した名称がGA4のイベント項目として表示される)

イベントパラメータ		
パラメータ名	値	説明
click_text	{{Click Text}}	値に変数を利用することで、クリックされたボタンのテキストを取得できる(例：お問い合わせはこちら) パラメータで指定した名称がGA4のイベントレポート項目として表示される

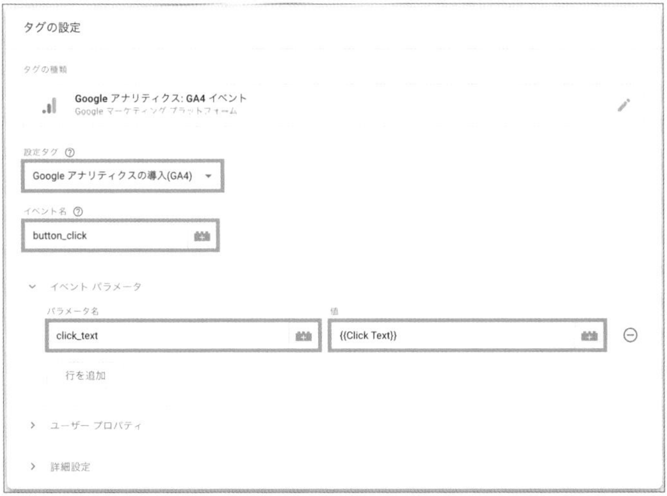

図5-5-15 「GA4イベント」の設定画面

「タグを保存」により、タグの設定は完了です。トリガーには先ほど作成した「ボタンのクリック」を指定して、「保存」をクリックすれば完了です。

図5-5-16 ボタンのクリック数の計測の設定例

タグが正常に動いているか、プレビューモードやGoogleアナリティクスのリアルタイムレポートで確認しておきましょう。

図5-5-17　プレビューモードの確認画面

SNSボタンのクリック数の計測 (UA、GA4)

SNSボタンのクリック数の計測〜UA編〜

　サイト上にTwitter、Facebook、Instagram、LINEなどの各SNSシェアアイコンを設置している場合、それぞれのSNSボタンが何回押されているのかを計測し、SNSボタンの成果を計測するケースがあります。SNSボタンは外部リンクのため通常のGoogleアナリティクスでは計測できず、ボタンクリックをイベントとして計測する必要があります（前述のボタンクリック数計測を参照）。

　ここでは、SNSボタンについているClassを使ってSNSボタンのクリック数を計測する方法を解説します。

SNSボタンのクリック数を実装すべきシーン
1. サイトや記事の反響を確かめるため、ページごとでのSNSボタンのクリック数を把握したい場合
2. SNSボタンのクリック数をGoogleアナリティクスで表示して分析に役立てたい場合

※SNSの種類は各ボタンに割り振られたURLで判別して計測します。

1. SNSボタンについているURLを確認します。Google ChromeであればF12キーでデベロッパーツールを開きます。

図5-6-1　デベロッパーツールの画面

2. 矢印マークを押すと、各要素のHTMLを表示できます。各SNSボタンには\<li\>
タグの中に「wp-block-social-link」と共通のClassが付与されており、これらの
Classがクリックされれば SNSボタンがクリックされたことになるので、こちらを
トリガーとして計測できます。

　また、各ボタンには SNSへのリンクが付与されているため、リンクのURLで押
下された各SNSを判断していきます。

図5-6-2　デベロッパーツールでURLを確認

3. Facebookボタンには「https://www.facebook.com/VektorInc/」が付与さ
れていることが確認できます。

図5-6-3　デベロッパーツールでURLを確認

4. Twitterボタンの URL は「https://twitter.com/vektor_inc」が確認できます。同様に、Instagram は「https://www.instagram.com/vektor_inc/」、YouTubeは「https://www.youtube.com/user/VektorInc」と、SNSごとにURL が割り振られているため、この URL を使って SNS ボタンのクリック数を計測します。

図5-6-4　デベロッパーツールで URL を確認

5. まずは各 SNS で取得した URL を各 SNS 名へ変換する作業です。左メニュー内「変数」をクリックし、「ユーザー定義変数」の「新規」ボタンをクリックします。

図5-6-5　「ユーザー定義変数」→「新規」ボタンをクリック

6. わかりやすい変数の名称を記入し(サンプルは「ルックアップ_SNS」)、変数の
設定をクリックします。

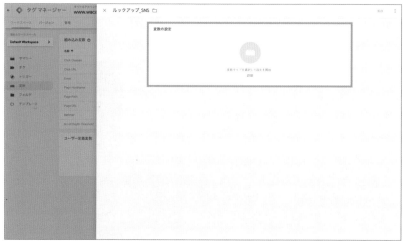

図5-6-6 「変数の設定」をクリック

7. メニューから「ルックアップテーブル」を選択します。

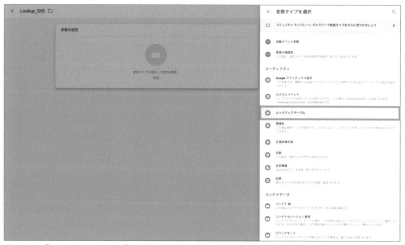

図5-6-7 「ユーティリティ」→「ルックアップテーブル」を選択

8.「変数を入力」には {{Click URL}} を指定し、ルックアップテーブルの入力欄に次表を入力します。

ルックアップテーブルの入力例		
入力	出力	説明
https://www.facebook.com/VektorInc/	Facebook	クリックされたURLが「入力値」の場合、「出力値」を返すという意味 ここでは、「https://www.facebook.com/VektorInc/」のURLがクリックされた際は「Facebook」と変換する
https://twitter.com/vektor_inc	Twitter	「https://twitter.com/vektor_inc」のURLがクリックされた際は「Twitter」と変換する
https://www.instagram.com/vektor_inc/	Instagram	「https://www.instagram.com/vektor_inc/」のURLがクリックされた際は「Instagram」と変換する
https://www.youtube.com/user/VektorInc	YouTube	「https://www.youtube.com/user/VektorInc/」のURLがクリックされた際は「YouTube」と変換する

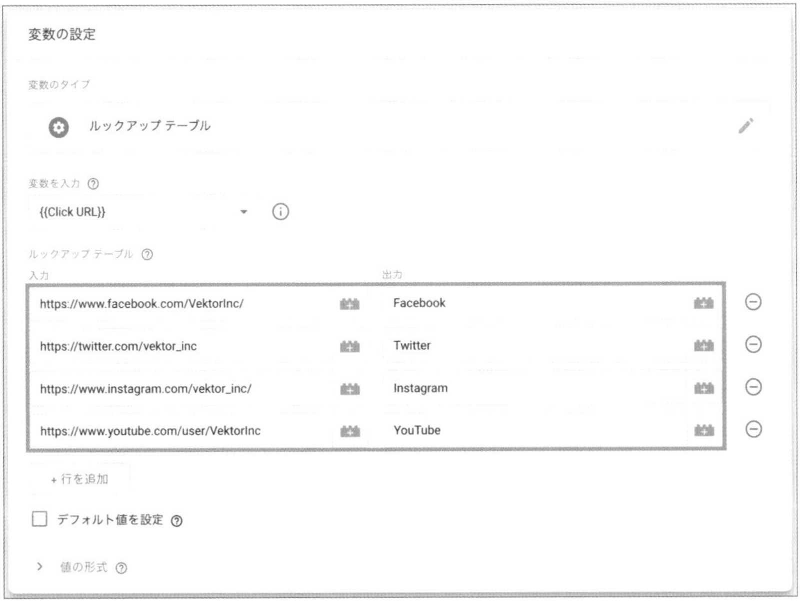

図5-6-8 ルックアップテーブルの設定例

「保存ボタン」を押せば完了です。

9. 左メニュー内「トリガー」をクリックし、「新規」ボタンをクリックします。わかりやすいトリガーの名称を記入し(サンプルは「SNSボタンクリック」)、トリガーの設定をクリックします。

　「クリック」→「リンクのみ」を選択します。

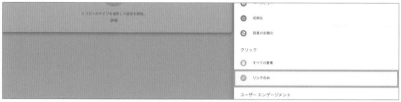

図5-6-9　トリガーの「設定」→「クリック」→「リンクのみ」を選択

10. トリガーを設定します。

トリガーの設定例	
このトリガーの発生場所	**一部のリンククリックを選択** ボタンのクリックを計測する場合は「特定のClassが付与されているボタン」を計測対象とします。つまり、Classが付与されている箇所(ボタン)のクリックを計測する必要があるため、ここでは「一部のクリック」を選択する
イベント発生時にこれらすべての条件が true の場合にこのトリガーを配信する	
左部	**「Click Classes」を選択** 変数でチェックをつけた「Click Classes」を指定する。これにより、クリックが発生した際のその要素のClassを取得する
中央部	**「含む」を選択**
右部	**「wp-block-social-link」を入力** 上記はサンプルのClass名。デベロッパーツールを利用してご自身の環境のClass名を確認し、入力する

　「保存」を押せばトリガーの設定は完了です。

図5-6-10　トリガーの設定例

11. 続いてタグの設定をしていきましょう。「ワークスペース」→「タグ」→「新規」をクリックします。わかりやすい名前を付け（サンプルは「SNSボタンのクリック数の計測」）、「タグの設定」をクリックします。

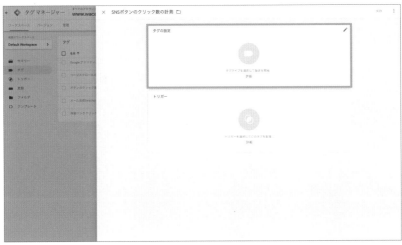

図5-6-11 「タグの設定」をクリック

12. メニュー内から「Googleアナリティクス：ユニバーサルアナリティクス」を選択します。

図5-6-12 「Googleアナリティクス：ユニバーサルアナリティクス」を選択

イベントタグの設定例	
項目	入力値
カテゴリ	「SNS_Click」 (任意：わかりやすい名称を記入)
アクション	「{{ルックアップ_SNS}}」 (任意：{{ルックアップ_SNS}} 変数を指定することで「どのSNSボタンが押されたか(例：Twitter)」を計測できる)
ラベル	「{{Page URL}}」 (任意：{{Page URL}} 変数を指定することで「どのページでSNSボタンが押されたかを計測できる。複数のページや記事ごとにSNSボタンが掲載されているサイトの場合は必須の設定)
値	「(空白)」 (任意：値に設定された数値がGoogleアナリティクスのイベントレポート内で反映される。1クリック時のクリック単価など、参考数値があれば記入しておく。とくに参考数値がない場合は空白でも構いません)

図5-6-13　イベントの設定例

Googleアナリティクス設定：Googleアナリティクス変数を設定している場合はそちらを選択、設定していない場合は「このタグでオーバーライド設定を有効にする」を選択し、トラッキングIDを入力します。

13. 「タグを保存」により、タグの設定は完了です。トリガーには先ほど作成した「SNSボタンクリック」を指定して「保存」をクリックすれば完了です。

SNSボタンのクリック数の計測〜GA4編〜

　続いて、GA4の設定方法について解説します。GA4もトリガーはGoogleアナリティクスの設定と同様のため、タグの設定から見ていきましょう。

1. 上部に名前「SNSボタンのクリック数の計測(GA4)」と入力し、「タグの設定」をクリックします。メニュー内から「Googleアナリティクス：GA4イベント」を選択します。

おすすめ

- .il　**Google** アナリティクス: ユニバーサル アナリティクス
　Google マーケティング プラットフォーム

- .il　**Google** アナリティクス: **GA4** 設定
　Google マーケティング プラットフォーム

- .il　**Google** アナリティクス: **GA4** イベント
　Google マーケティング プラットフォーム

- ⚛　**Google** 広告のコンバージョン トラッキング
　Google 広告

図5-6-14　**「Google アナリティクス：GA4イベント」を選択**

2. タグの設定画面では、次表のとおりに入力します。

設定タグ / イベント名	
項目	解説
設定タグ	**「Googleアナリティクスの導入 (GA4)」** (「Googleアナリティクス：GA4設定」を作成していない場合は「なし - 手動設定したID 」を選択の後、測定IDを入力する)
イベント名	**「sns_click」** (任意：ここに入力した名称がGA4のイベント項目として表示する)

イベントパラメータ		
パラメータ名	値	説明
sns_type	{{ルックアップ_SNS}}	値に変数を利用することで、どのSNSボタンがクリックされたかを取得できる(例：Facebook) パラメータで指定した名称がGA4のイベントレポート項目として表示される

タグの設定

タグの種類

.ıl **Google** アナリティクス: GA4 イベント
Google マーケティング プラットフォーム ✏

設定タグ ⑦
Google アナリティクスの導入(GA4) ▾

イベント名 ⑦
sns_click 🏷

▾ イベント パラメータ

パラメータ名 値
sns_type 🏷 {{ルックアップ_SNS}} 🏷 ⊖

行を追加

> ユーザー プロパティ

> 詳細設定

図5-6-15 **イベントの設定例**

「タグを保存」により、タグの設定は完了です。トリガーには先ほど作成した「SNS
ボタンクリック」を指定して「保存」をクリックすれば完了です。

タグの設定

タグの種類

.ıl **Google** アナリティクス: GA4 イベント
Google マーケティング プラットフォーム

設定タグ ⑦
Google アナリティクスの導入(GA4)

イベント名 ⑦
sns_click

イベント パラメータ
パラメータ名 値
sns_type {{ルックアップ_SNS}}

トリガー

配信トリガー

🔗 **SNSボタンクリック**
リンクのみ

図5-6-16 **イベントの設定例**

タグが正常に動いているか、プレビューモードやGoogleアナリティクスのリアルタイムレポートで確認しておきましょう。

図5-6-17　プレビューモードの確認画面

Google広告の設定

Google広告のコンバージョンをGTMにより計測する方法です。Google広告のコンバージョンを計測するためには「HTMLコードに直接コンバージョン計測コードを記述」「GTMにてタグを設置」があります。GTMを利用することでHTMLコードを直接編集する必要がなく、GTMの管理画面上からタグの管理(公開・一時停止・削除)ができるため、運用管理が容易になります。

ここではGoogle広告のコンバージョンをGTMで設定する方法について解説します。

前提条件
- Google広告の管理画面からコンバージョンを設定していること
- コンバージョンの設定後、「コンバージョンID」「コンバージョンラベル」を取得していること

この2点はGoogle広告管理画面から取得できるため、事前に取得してください。

コンバージョンリンカー

最初にコンバージョンリンカーの設定から行います。コンバージョンリンカーとは、Google広告経由のクリックデータをGTMにより測定するサービスです。このクリックデータを元にすることで、正確にGoogle広告のコンバージョン効果測定が行えるため、広告コンバージョン計測の際には必ず設定する必要があります。

1. GTMの「ワークスペース」→「タグ」→「新規」をクリックします。

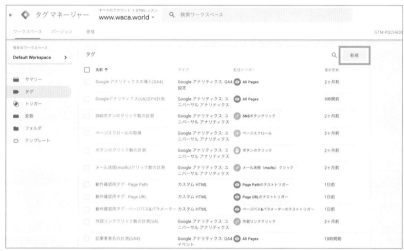

図5-7-1 「タグ」→「新規」をクリック

2. わかりやすいタグの名称を記入し(サンプルは「Google広告コンバージョンリンカー」)、タグの設定をクリックして「コンバージョンリンカー」を選択します。

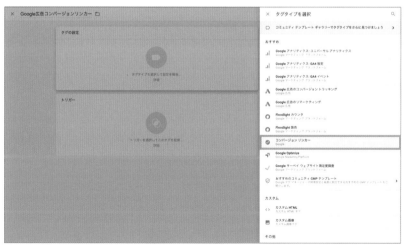

図5-7-2 「コンバージョンリンカー」を選択

コンバージョンリンカーについては、とくに設定は不要です。タグとして選択後は、トリガーの設定に移ります。

3. トリガーの設定をクリックし、「All Pages」を選択します。

図5-7-3 「All Pages」を選択

4. コンバージョンリンカーの設定についてはこれで完了です。

図5-7-4 コンバージョンリンカーの設定例

※クロスドメイン計測を行う場合

　コンバージョンを計測するサイトがクロスドメインになっている場合は、「ドメイン間でのリンクの有効化」にチェックを入れて、対象のドメインをカンマ区切りで入力します。

※フォームを送信（カートページに遷移など）するときにドメインが変わる場合は「装飾フォーム」を「False」から「True」に変更します。

※「?」(標準クエリ)ではなく「#」(フラグメント)から固有のパラメータを読み取る必要がある場合は、「URLの位置」を「クエリパラメータ」から「フラグメント」に変更します。

図5-7-5　**コンバージョンリンカーの設定例**

リマーケティングタグ

　続いて、リマーケティングタグの設定を行いましょう。これは、一度広告を閲覧したユーザーに対して再度広告を表示するための設定です。広告を閲覧したユーザーは興味関心が高いため、リマーケティングを活用することはコンバージョン獲得において、非常に有効な戦略です。必ず設定しておきましょう。

1. GTMの「ワークスペース」→「タグ」→「新規」をクリックします。わかりやすいタグの名称を記入し(サンプルは「Google広告リマーケティングタグ」)、タグの設定をクリックします。

図5-7-6 「Google広告のリマーケティング」を選択

2. Google広告の管理画面から発行したコンバージョンIDを入力します。

3. トリガーの設定をクリックし、「All Pages」を選択します。

図5-7-7 「All Pages」を選択

4. これでリマーケティングタグの設定は完了です。

図5-7-8　リマーケティングタグの設定例

コンバージョンタグ

最後にコンバージョンタグの設定を行います。

1. GTMの「ワークスペース」→「タグ」→「新規」をクリックします。わかりやすいタグの名称を記入（サンプルは「Google広告コンバージョンタグ」）し、タグの設定をクリックします。

図5-7-9　「Google広告のコンバージョン トラッキング」を選択

2. Google広告の管理画面から発行したコンバージョンID、コンバージョンラベル
を入力します。
※コンバージョン値、トランザクションIDは任意で入力します。

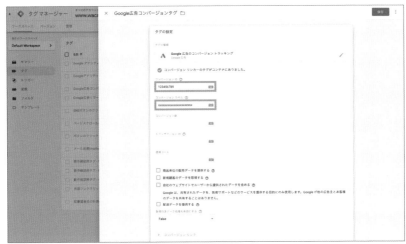

図5-7-10　**コンバージョンID、コンバージョンラベルを入力**

3. CV計測用のトリガーを選択します。ここではサンプルとして「メール送信
（mailto）クリック」を選択しています。

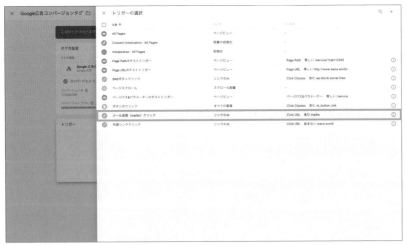

図5-7-11　**CV計測用のトリガーを選択**

4.「保存」をクリックでコンバージョンタグの設定は完了です。

図5-7-12 **コンバージョンタグの設定例**

　これでGoogle広告のコンバージョン設定が完了しました。タグが正常に動作し
ているか、プレビューモードやGoogle広告の管理画面で確認しておきましょう。

Yahoo!広告の設定

Yahoo!広告のコンバージョンをGTMにより計測する方法です。Yahoo!広告のコンバージョンを計測するためには「サイトジェネラルタグ・コンバージョン測定補完機能タグ」を「HTML内に設置」する必要があります。しかし、GTMの「カスタムHTML」を利用することで、サイトのHTMLコードを直接編集する必要がなく、GTMの管理画面上からタグの管理(公開・一時停止・削除)ができるため、運用管理が容易になります。

ここではYahoo!広告のコンバージョンをGTMにて設定する方法について解説します。

前提条件
- Yahoo!広告の管理画面からコンバージョンの設定をしていること
- コンバージョンの設定後、「サイトジェネラルタグ・コンバージョン測定補完機能タグ」を取得していること
- 「サイトジェネラルタグ・サイトリターゲティングタグ」を取得していること

これらのタグはYahoo!広告管理画面から取得できるため、事前に取得しておいてください。

Yahoo!サイトジェネラルタグ

Yahoo!サイトジェネラルタグとは「ITP(Intelligent Tracking Prevention)対策に必要不可欠」なタグのことです。ITP対策とは、主にApple社のSafariブラウザなどに採用されている「ユーザーの行動履歴を阻止する仕組み」です。プライバシーの観点からユーザーの行動履歴を排除するため、一度でも広告を見た「リターゲティング広告」の出稿が困難になります。

そこで、ITP対策として登場したのが「Yahoo!サイトジェネラルタグ」です。とくにリターゲティング広告出稿には必須のタグなので、必ず設定しておきましょう。

1. GTMの「ワークスペース」→「タグ」→「新規」をクリックします。わかりやすいタグの名称を記入し（サンプルは「Yahoo!サイトジェネラルタグ」）、タグの設定をクリックします。
　「タグタイプを選択」画面で「テンプレートギャラリー」をクリックして開きます。

図5-8-1　「テンプレートギャラリー」をクリック

2. 開いたテンプレートギャラリーの検索窓に「yahoo」と入力すると、Yahoo!のテンプレートが表示されます。ここでは「Yahoo!広告 サイトジェネラルタグ」を選択します。

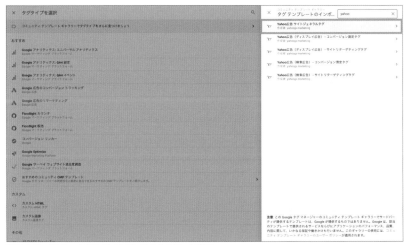

図5-8-2　「Yahoo!広告 サイトジェネラルタグ」を選択

3. 右上の青い「ワークスペースに追加」ボタンをクリックし、「追加」ボタンを押します。

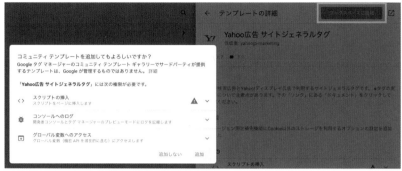

図5-8-3 「ワークスペースに追加」ボタンをクリック

4.「コンバージョン補完機能を利用する」にチェックを入れると、「Cookie以外のストレージをコンバージョン測定補完機能に利用する 」のチェックボックスが出てくるので、ここにもチェックを入れます。

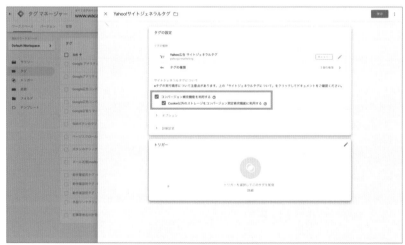

図5-8-4 Yahoo!サイトジェネラルタグの設定例

これでタグの設定は完了です。続いて、トリガーの設定を行います。

5. トリガーの設定をクリックして「All Pages」を選択し、「保存」をクリックしましょう。トリガーの設定はこれで完了です。

図5-8-5　Yahoo!サイトジェネラルタグの設定例

Yahoo!広告サイトリターゲティングタグ

　続いて、リターゲティングタグの設定を行いましょう。一度広告を閲覧したユーザーに対して再度広告を表示するための設定です。広告を閲覧したユーザーは興味関心が高いため、リターゲティング広告を活用することはコンバージョン獲得に非常に有効な戦略です。必ず設定しておきましょう。

1. GTMの「ワークスペース」→「タグ」→「新規」をクリックします。わかりやすいタグの名称を記入し(サンプルは「Yahoo!広告リターゲティングタグ」)、タグの設定をクリックします。
　「タグタイプを選択」画面で「テンプレートギャラリー」をクリックして開きます。

図5-8-6 「テンプレートギャラリー」をクリック

2. 開いたテンプレートギャラリーの検索窓に「yahoo」と入力すると、Yahoo!の
テンプレートが表示されます。ここでは「Yahoo!検索広告 サイトリターゲティン
グタグ」を選択します。

図5-8-7 「Yahoo!検索広告 サイトリターゲティングタグ」を選択

3. 右上の青い「ワークスペースに追加」ボタンをクリックし、「追加」ボタンをクリッ
クします。

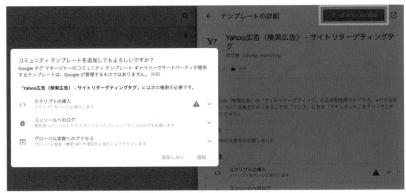

図5-8-8 「ワークスペースに追加」ボタンをクリック

4. Yahoo!検索広告の管理画面から発行したリターゲティングIDを入力します。「Yahoo!検索（or ディスプレイ）広告RTタグが発効する前にタグを配信」にチェックを入れ、セレクトボックスから「Yahoo!サイトジェネラルタグ」を選択します。

※リターゲティングタグを有効化するには「Yahoo!サイトジェネラルタグ」の後に実行する必要があります。

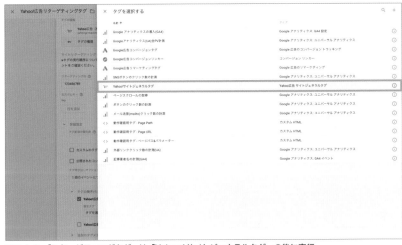

図5-8-9 「リターゲティングタグ」は「Yahoo!サイトジェネラルタグ」の後に実行

これでタグの設定は完了です。続いて、トリガーの設定を行いましょう。

5. トリガーの設定をクリックし「All Pages」を選択します。

図5-8-10　**「All Pages」を選択**

6.「保存」をクリックすればトリガーの設定は完了です。

図5-8-11　**Yahoo!広告サイトリターゲティングタグの設定例**

Yahoo!検索 (ディスプレイ) 広告コンバージョン測定タグ

1. GTMの「ワークスペース」→「タグ」→「新規」をクリックします。わかりやすいタグの名称を記入（サンプルは「Yahoo!検索広告コンバージョンタグ」）し、タグの設定をクリックします。

「タグタイプを選択」画面で「テンプレートギャラリー」をクリックして開きます。

図5-8-12　「テンプレートギャラリー」をクリック

2. 開いたテンプレートギャラリーの検索窓に「yahoo」と入力すると、Yahoo!のテンプレートが表示されます。ここでは「Yahoo!広告（検索広告）コンバージョン測定タグ」を選択します。

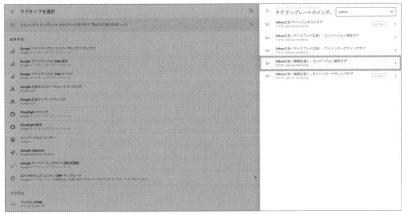

図5-8-13　「Yahoo!広告（検索広告）コンバージョン測定タグ」を選択

3. 「ワークスペースに追加」ボタンをクリックし、「追加」ボタンをクリックします。

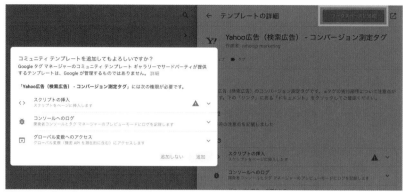

図5-8-14 「ワークスペースに追加」ボタンをクリック

4. Yahoo!検索（ディスプレイ）広告の管理画面から発行したコンバージョンIDとコンバージョンラベルを入力します。「詳細設定」→「Yahoo!検索広告CVタグが発効する前にタグを配信」にチェックを入れます。タグを選択のセレクトボックスから「Yahoo!広告リターゲティングタグ」を選択します。

※Yahoo!検索（ディスプレイ）広告のコンバージョン計測は必ずリターゲティングタグが配信される後に行いましょう。リターゲティング広告の前に配信されると、コンバージョンしたユーザーにもリターゲティング広告が配信されることになります。

図5-8-15 「コンバージョンタグ」は「リターゲティングタグ」の後に実行

これでタグの設定は完了です。続いて、トリガーの設定を行いましょう。

5. トリガーの設定をクリックします。CV計測用のトリガーを選択します。ここではサンプルとして「メール送信（mailto)クリック」を選択しています。

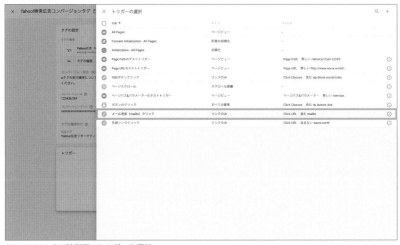

図5-8-16 **CV計測用のトリガーを選択**

6.「保存」をクリックすればトリガーの設定は完了です。

図5-8-17 **Yahoo!検索（ディスプレイ）広告コンバージョン測定タグの設定例**

5-9

Facebook広告の設定

　Facebook広告のコンバージョンをGTMにより計測する方法です。Facebook
広告のコンバージョンを計測するためには「Facebookピクセルコード」を「HTML
内に設置」する必要があります。しかし、GTMの「カスタムHTML」を利用する
ことで、サイトのHTMLコードを直接編集する必要がなく、GTMの管理画面上か
らタグの管理（公開・一時停止・削除）ができるため、運用管理が容易になります。
ここではFacebook広告のコンバージョンをGTMにて設定する方法について解説
します。「Facebookピクセル」は「Metaピクセル」へと名称が変更されました。

前提条件
- ●ビジネスマネージャーから広告の設定を行っていること
- ●ビジネスマネージャーの管理画面から「ピクセルコード」を取得していること

　ピクセルコードはビジネスマネージャー管理画面から取得できるため、事前に取
得しておいてください。

　最初にピクセルコードの設定を行いましょう。ピクセルコードとは、サイト上の
行動をFacebook広告に渡して分析できるツールのことです。広告の表示回数
(imp)やクリック数・クリック率はピクセルがなくても計測できますが、サイトに訪
問した後のユーザー行動については、サイト内行動を計測するタグ（ピクセル）がな
ければ計測できません。

1. GTMのタグ→「新規」をクリックします。わかりやすいタグの名称を記入し（サ
ンプルは「Facebookピクセル」）、タグの設定をクリックします。

図5-9-1　タグの設定をクリック

2. カスタムHTMLを選択し、ピクセルコードを貼り付けます。

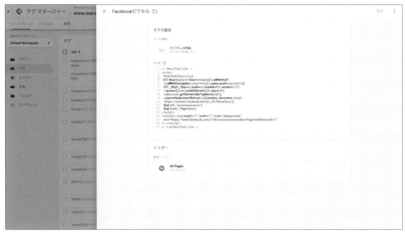

図 5-9-2 「カスタムHTML」に「ピクセルコード」を貼り付け

　タグの設定はこれで完了です。続いて、トリガーの設定を行いましょう。

3. トリガーの設定をクリックし、「All Pages」を選択します。

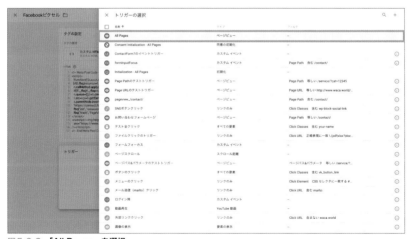

図 5-9-3 「All Pages」を選択

4.「保存」をクリックすればトリガーの設定は完了です。

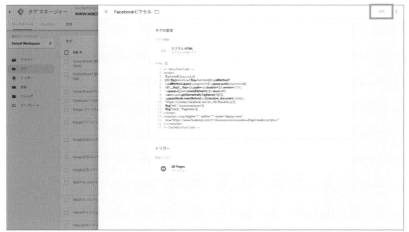

図5-9-4　Facebookピクセルの設定例

ページスクロールの取得 (UA、GA4)

　ページスクロールを計測することで、ユーザーがどの程度までページを閲覧しているのかを把握できます。ページ下部まで閲覧されていない場合はスクロールが止まっている箇所に問題があると捉えることができ、コンテンツ改善に役立てられます。

　ここでは、ページのスクロール量を計測する方法を解説します。GTMにはスクロール量を計測するための変数とトリガーが用意されているため、サイトのコードを書き換えずに計測できます。

ページスクロール計測を実装すべきシーン
1. ページがどの程度の深さまで閲覧されているのかを把握したい場合
2. コンテンツ改善のヒントを得たい場合

ページスクロールの取得〜UA編〜

　GTMにはスクロール量を取得するための取得する仕組みとして「変数」が用意されています。

スクロール変数の例	
変数名	説明
Scroll Depth Threshold	設定されたしきい値。10,20,30と設定した場合は、それぞれのスクロール量に達した時点でカウントされる
Scroll Depth Units	しきい値の単位が表示される。割合であれば%が表示される
Scroll Direction	スクロール率の方向を示す。縦方向であればvertical、横方向であればhorizontal

チェックを付けることで変数を利用できます。最初に有効化しておきましょう。

1. 左メニュー内「変数」をクリックし、組み込み変数の「設定」ボタンをクリックします。

図5-10-1 **「組み込み変数」→「設定」ボタンをクリック**

2. メニュー内の「スクロール」の項目から、データ収集したい変数にチェックを付けます。すべてにチェックを付けても問題ありません。

図5-10-2 **データ収集したい変数にチェック**

　チェックを付ければ変数として利用できる準備が整います。続いて、トリガーを設定していきましょう。

3. トリガーの「新規」をクリックします。わかりやすいトリガーの名称を記入し(サンプルは「ページスクロール」)、トリガーの設定をクリックします。「ユーザーエンゲージメント」→「スクロール距離」を選択しましょう。

図5-10-3 「ユーザーエンゲージメント」→「スクロール距離」を選択

4. スクロール距離トリガーの設定を行います。ウェブページの場合は縦にスクロールするケースが多いため、縦方向スクロール距離をオンにします。割合は計測したい量「スクロール10%、スクロール20%…」を任意でコンマ区切りで指定します。

トリガーの設定例	
縦方向スクロール距離	オン
割合	指定したスクロール距離に応じてGoogleアナリティクスのレポートに表示される
このトリガーの発生場所	すべてのページにチェック(全ページ計測する場合) 任意のページのみを計測対処とする場合は「一部のページ」にて指定する

図5-10-4 スクロール距離トリガーの設定例

5. これでトリガーの設定は完了です。続いて、タグの設定を行いましょう。左メニュー内「タグ」をクリックし、「新規」ボタンをクリックします。わかりやすいタグの名称を記入し(サンプルは「ページスクロールの取得」)、タグの設定をクリックします。

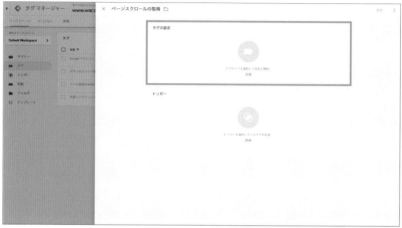

図5-10-5　タグの「設定」をクリック

6. メニュー内から「Googleアナリティクス：ユニバーサルアナリティクス」を選択します。

図5-10-6　「Googleアナリティクス：ユニバーサルアナリティクス」を選択

7. イベントタグを設定します。

イベントタグの設定例	
項目	**入力値**
カテゴリ	「Scroll_Depth」 (任意：わかりやすい名称を記入)
アクション	「{{Page URL}}」 (任意：{{Page URL}}変数を指定することで「どのページでのスクロール量が計測されたか(例：blog/article10/)」を計測できる)
ラベル	「{{Scroll Depth Threshold}}」 (任意：{{Scroll Depth Threshold}}変数を指定することで「トリガーで設定したしきい値(例：10%、20%…)を計測できる
値	「(空白)」
非インタラクション ヒット	「真」 「真」にすることで、スクロールイベント発生時に直帰に影響を及ぼさなくなる

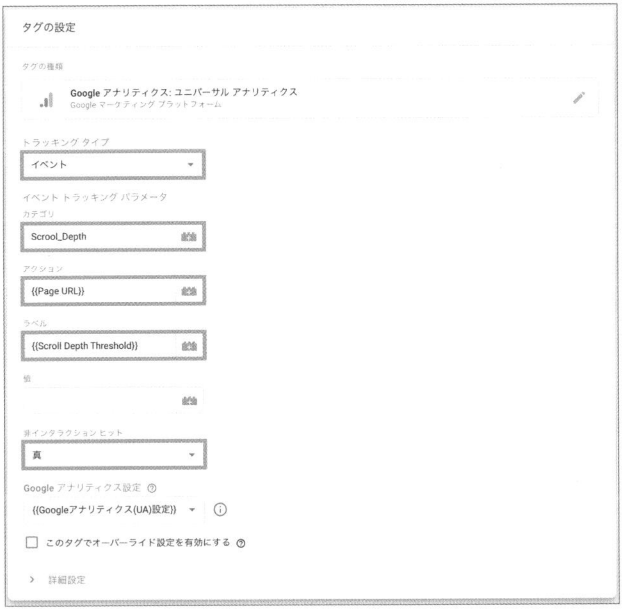

図5-10-7 **イベントの設定例**

これでタグの設定は完了です。トリガーには先ほど作成した「ページスクロール」を指定して「保存」をクリックすれば、ページスクロール量の計測が行えるようになります。

タグの設定

タグの種類

.il **Google** アナリティクス: ユニバーサル アナリティクス
Google マーケティング プラットフォーム

トラッキング タイプ
イベント

カテゴリ
Scrool_Depth

アクション
{{Page URL}}

ラベル
{{Scroll Depth Threshold}}

非インタラクション ヒット
真

Google アナリティクス設定 ⑦
{{Googleアナリティクス(UA)設定}} ⓘ

トリガー

配信トリガー

⊕ ページスクロール
スクロール距離

図5-10-8 **ページスクロールの取得の設定例**

ページスクロールの取得〜GA4編〜

続いて、GA4の設定方法について解説します。GA4もトリガーはGoogleアナリティクスの設定と同様のため、タグの設定から見ていきましょう。

1. 上部に名前「ボタンのクリック数の計測(GA4)」と入力し、「タグの設定」をクリックします。メニュー内から「Googleアナリティクス：GA4イベント」を選択します。

おすすめ

.il **Google** アナリティクス: ユニバーサル アナリティクス
Google マーケティング プラットフォーム

.il **Google** アナリティクス: **GA4** 設定
Google マーケティング プラットフォーム

.il **Google** アナリティクス: **GA4** イベント
Google マーケティング プラットフォーム

⋀ **Google** 広告のコンバージョン トラッキング
Google 広告

図5-10-9 **「Googleアナリティクス：GA4イベント」を選択**

2. タグの設定画面では、次表のとおりに入力します。

設定タグ / イベント名	
項目	解説
設定タグ	「Googleアナリティクスの導入 (GA4)」 (「Googleアナリティクス：GA4設定」を作成していない場合は「なし - 手動設定したID」を選択の後、測定IDを入力する)
イベント名	「scroll_depth」 (任意：ここに入力した名称がGA4のイベント項目として表示される)

イベントパラメータ		
パラメータ名	値	説明
scroll_depth	{{Scroll Depth Threshold}}	(：{{Scroll Depth Threshold}}変数を指定することで「トリガーで設定したしきい値 (例：10%、20%…)を計測できる)

図5-10-10　**イベントの設定例**

「タグを保存」により、タグの設定は完了です。トリガーには、先ほど作成した「ページスクロール」を指定して「保存」をクリックすれば完了です。

図5-10-11　ページスクロールの取得の設定例

　これでGA4のイベントレポートにページスクロールのイベントが表示されます。タグが正常に動いているか、プレビューモードやGoogleアナリティクスのリアルタイムレポートで確認しておきましょう。

図5-10-12　プレビューモードの確認画面

　GA4に導入されている「測定機能の強化イベント」の「スクロール数」を有効化することにより、GTMを使わなくてもスクロール率90%をカウントするデータを計測できます。イベント名に「scroll」を設定するとデータを上書きしてしまうため、イベント名は別名を設定することを推奨します。

動画再生のデータ取得
(UA、GA4)

　ページ上に動画コンテンツを掲載している際に、何回再生されたのか、どの程度まで再生されているのかといったデータはGTMを利用することで計測できます。動画再生データを分析することで、動画コンテンツ改善に役立てられます。

　ここでは、YouTube動画を計測する方法を解説します。GTMにはYouTube動画を計測するための変数とトリガーが用意されているため、サイトのコードを書き換えずに計測できます。

動画再生のデータを実装すべきシーン
1. 動画コンテンツをサイトに掲載している場合
2. 動画コンテンツ改善のヒントを得たい場合

動画再生のデータ取得〜UA編〜

　GTMには動画がクリックされた際にさまざまなデータを簡単に取得する仕組みとして「変数」が用意されています。

動画変数の例	
変数名	説明
Video Provider	動画の提供元　例：YouTube
Video Status	動画再生のステータスを取得する 例：開始：start、一時停止：pause、完了：complete
Video URL	YouTube動画のURL　例：https://www.youtube.com/〜
Video Title	YouTube動画のタイトル　例：はじめてのGTM
Video Duration	動画の「完了時」の秒数（1000ms単位）　例：50
Video Current Time	動画の「トリガー呼び出し時点」の秒数　例：50
Video Percent	動画の「トリガー呼び出し時点」の再生率　例：50
Video Visible	動画が画面表示領域にあるかどうか　例：true

メニュー内の「動画」の項目から、データ収集したい変数にチェックをつけます。
すべてにチェックを付けても問題ありません。

1.「変数」を選択します。

図5-11-1 　**「変数」を選択**

2. 組み込み変数の「動画」の変数を選択します。

図5-11-2 　**データ収集したい変数にチェック**

チェックを付ければ変数として利用できる準備が整います。続いて、トリガーを
設定していきましょう。

3. 「トリガー」を選択し、わかりやすい名前を付けます。タイトルは「動画再生」としました。その後、トリガーの選択をクリックしましょう。

4. 「ユーザーエンゲージメント」→「YouTube 動画」を選択します。

図5-11-3 「ユーザーエンゲージメント」→「YouTube動画」を選択

5. 次表を参考に、設定します。

トリガーの設定例	
項目	説明
キャプチャ	**開始（任意）** 選択したアクションが発生した際にトリガーが発火する。ここでは「動画の再生回数」を収集するため「開始」を選択している
上級 **すべてのYouTube動画にJavaScript APIサポートを追加する**	**オン** YouTube動画を計測する際は、動画URLの後にパラメータ（?enablejsapi=1）が付与された動画のみが計測対象となる パラメータを付与していないYouTube動画すべてを計測対象とする場合は、このチェックをオンにすることでパラメータが一付与され、計測が可能となる
次の時にこのトリガーを有効化する	**オン** トリガーを発火させるタイミングを選択する。「コンテナの読み取り（gtm.js）」：ページの読み取りと同時に行われる 「DOM 準備完了（gtm.dom）」：DOMの解析後に行われる 「ウィンドウの読み取り（gtm.load）」：ページ上の初期コンテンツすべてが読み取られた後に行われる
このトリガーの発生場所	**すべての動画（任意）** すべてのYouTube動画データを収集するか、特定のYouTube動画を取得するかを選択する

これでトリガーの設定は完了です。

図5-11-4　**トリガーの設定例**

6. 続いて、タグの設定を行います。ここではタグの名前を「動画再生のデータ取得」としています。タグタイプの選択をクリックして「Googleアナリティクス」を選択します。

図5-11-5　**「Googleアナリティクス：ユニバーサルアナリティクス」を選択**

7. 次表を参考に設定しましょう。

イベントタグの設定例	
項目	**入力値**
カテゴリ	「Movie_Views」 (任意：わかりやすい名称を記入)
アクション	「{{Page URL}}」 (任意：{{Page URL}}変数を指定することで「どのページでYouTube動画が再生されたか(例：blog/article10/)」を計測できる)
ラベル	「{{Video Title}}」 (任意：{{Video Title}}変数を指定することで「再生された動画のタイトル(例：はじめてのGTM)を計測できる)
値	「(空白)」 (任意：値に設定された数値がGoogleアナリティクスのイベントレポート内で反映される。1再生時の単価など、参考数値があれば記入しておく。とくに参考数値がない場合は空白でもデータの取得に影響はない)
非インタラクションヒット	「真」(任意) 「真」にすることで、動画再生イベント発生時に直帰に影響を及ぼさなくなる

図5-11-6　**イベントの設定例**

8. これでタグの設定は完了です。トリガーには先ほど作成した「動画再生」を指定して「保存」をクリックすれば、YouTube動画再生数が計測できるようになります。

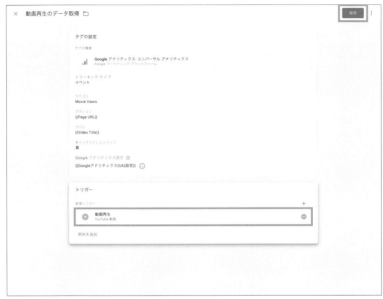

図5-11-7　**動画再生のデータ取得の設定例**

　タグが正常に動いているか、プレビューモードやGoogleアナリティクスのリアルタイムレポートで確認しておきましょう。

図5-11-8　**動画を再生して計測を確認**

図5-11-9　プレビューモードの確認画面

動画再生のデータ取得～GA4編～

GA4に導入されている「測定機能の強化イベント」の「動画エンゲージメント」を有効化することにより、GTMを使わなくても動画に関するデータを計測できます。

GA4動画エンゲージメント	
イベント名	説明
video_start	動画の再生が開始されたとき
video_progress	動画が再生時間の 10%、25%、50%、75% 以降まで進んだとき
video_complete	動画が終了したとき

動画エンゲージメントの代表的なパラメータ	
パラメータ	説明
video_provider	動画の提供元　例：YouTube
video_title	YouTube動画のタイトル　例：はじめてのGTM
video_url	YouTube動画のURL　例：https://www.youtube.com/～
page_location	ページの URL　例：https://sample.com

図5-11-10　**GA4のイベント確認画面**

　Googleアナリティクス(UA)で設定した「動画が再生されたURL」「動画のタイト
ル」なども収集できるため、GA4の機能を利用しましょう。

画像表示の取得（UA、GA4）

　ページに設置している「画像」や「申込み用のバナー」など、特定の要素が画面内に表示された際のデータを計測する仕組みがGTMには備わっています。ページスクロールは全体感の表示を計測する手段に対して、「ある特定部分が表示されたかどうか」を計測する際には、画像の表示トリガーを使用します。

画像表示の取得を実装すべきシーン

1. 特定要素（画像やバナーなど）がどの程度視認されているのかを把握したい場合
2. コンテンツ改善のヒントを得たい場合

【前提】ファーストビューでは表示されない「下部緑枠の画像」をサンプルとします。

図5-12-1
特定の要素が画面内に表示された際のデータを計測

　画像の要素として「.imageTest」Classを付与しています。
　この「.imageTest」Classが画面内に表示されたタイミングでトリガーを発火させます。

図5-12-2 デベロッパーツールでClass名を確認

画像表示の取得〜UA編〜

1. 画像が表示された際に発火する条件の「トリガー」を作成しましょう。
トリガーを選択し、わかりやすい名前を付けます。タイトルは「画像の表示」としました。その後、トリガーの選択をクリックして選択しましょう。

2. ユーザーエンゲージメント→「要素の表示」を選択します。

図5-12-3 「ユーザーエンゲージメント」→「要素の表示」を選択

3. 次表を参考に、設定します。

トリガーの設定例	
項目	説明
選択方法	**CSS セレクタ** 「ID」または「CSSセレクタ」のいずれかを選択する。今回は「.imageTest」Class を付与しているため「CSSセレクタ」を指定する
要素セレクタ	**.imageTest** 付与しているセレクタを入力する。今回は「.imageTest」を入力する Class以外にもhタグ、pタグなども入力できる
このトリガーを 発動するタイミング	**1ページにつき1度** トリガーを発火させるタイミングを選択する 「1ページにつき1度」：同一の要素セレクタが複数ある場合でも1度しか発火させない 「1要素につき1度」：要素を複数指定した場合、要素ごとに1度しか発火させない 「各要素が画面に表示されるたび」：指定した要素が表示されるタイミングですべて発火する
視認の最小割合	**50** 指定した要素の何%が表示された際に発火させるかの条件指定。50の場合は、指定した要素が半分(50%)画面内に表示された段階で発火する
DOM の変化を モニタリング	**オフ** HTML構造(DOM)が変化した際に、変化後も指定した要素が存在するかどうかを判定するための項目
このトリガーの 発生場所	**すべての表示イベント** 全ページでイベントを発動させる場合は「すべての表示イベント」を選択する。特定のページのみ計測対象とする場合は「一部の表示イベント」を選択した上で、条件を指定する

これでトリガーの設定は完了です。

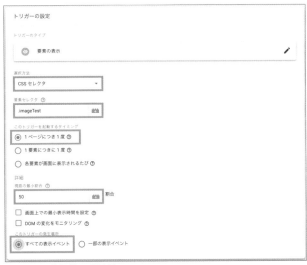

図5-12-4　**トリガーの設定例**

4. 続いてタグの設定を行います。わかりやすい名前を付けます。ここでは「画像表示の取得」としています。タグタイプの選択をクリックして「Googleアナリティクス：ユニバーサルアナリティクス」を選択します。

図5-12-5 「Googleアナリティクス：ユニバーサルアナリティクス」を選択

5. 次表を参考に設定しましょう。

イベントタグの設定例	
項目	入力値
カテゴリ	「Image_Display」 （任意：わかりやすい名称を記入）
アクション	「Sample_Banner」 （任意：わかりやすい名称を記入）
ラベル	「{{Page URL}}」 （任意：{{Page URL}}変数を指定することで「表示されたページURL」を計測できる）
値	「(空白)」 （任意：値に設定された数値がGoogleアナリティクスのイベントレポート内で反映される。1表示時の単価など、参考値があれば記入しておく。とくに参考数値がない場合は空白でもデータの取得に影響はない）
非インタラクションヒット	「真」（推奨） 「真」にすることで、動画再生イベント発生時に直帰に影響を及ぼさなくなる

タグの設定

タグの種類

Google アナリティクス: ユニバーサル アナリティクス
Google マーケティング プラットフォーム

トラッキング タイプ
イベント

イベント トラッキング パラメータ
カテゴリ
Image_Display

アクション
Sample_Banner

ラベル
{{Page URL}}

値

非インタラクション ヒット
真

Google アナリティクス設定 ⑦
{{Googleアナリティクス(UA)設定}}

□ このタグでオーバーライド設定を有効にする ⑦

> 詳細設定

図5-12-6 イベントの設定例

6. これでタグの設定は完了です。トリガーには先ほど作成した「画像の表示」を指定して「保存」をクリックすれば、指定した要素の表示計測が行えるようになります。

タグの設定

タグの種類

Google アナリティクス: ユニバーサル アナリティクス
Google マーケティング プラットフォーム

トラッキング タイプ
イベント

カテゴリ
Image_Display

アクション
Sample_Banner

ラベル
{{Page URL}}

非インタラクション ヒット
真

Google アナリティクス設定 ⑦
{{Googleアナリティクス(UA)設定}} ⓘ

トリガー

配信トリガー

画像の表示
要素の表示

図5-12-7 画像表示の取得の設定例

タグが正常に動いているか、プレビューモードやGoogleアナリティクスのリアルタイムレポートで確認しておきましょう。 指定した画像が表示されていない状況では「Tags Not Fired」となり、タグは発火していません。

図5-12-8　要素が表示されていなければタグは発火しない

図5-12-9　要素が表示されていなければタグは発火しない

画像表示後はGTMで設定した項目が表示されています。

図5-12-10　要素が表示されるとタグが発火する

図5-12-11　要素が表示されるとタグが発火する

画像表示の取得～GA4編～

続いて、GA4の設定方法について解説します。GA4もトリガーはGoogleアナリティクスの設定と同様のため、タグの設定から見ていきましょう。

1. 上部に名前「画像表示の取得(GA4)」と入力し、「タグの設定」をクリックします。メニュー内から「Googleアナリティクス：GA4イベント」を選択します。

図5-12-12 「Googleアナリティクス：GA4イベント」を選択

2. タグの設定画面では、次表の通りに入力します。

設定タグ / イベント名	
項目	解説
設定タグ	「Googleアナリティクスの導入 (GA4)」 （「Googleアナリティクス：GA4設定」を作成していない場合は「なし - 手動設定したID」を選択の後、測定IDを入力する）
イベント名	「image_display」 （任意：ここに入力した名称がGA4のイベント項目として表示される）

イベントパラメータ		
パラメータ名	値	説明
sample_banner	「{{Page URL}}」	パラメータで指定した名称がGA4のイベントレポート項目として表示される

図5-12-13 イベントの設定例

「タグを保存」により、タグの設定は完了です。トリガーには「画像の表示」を指定して「保存」をクリックすれば完了です。

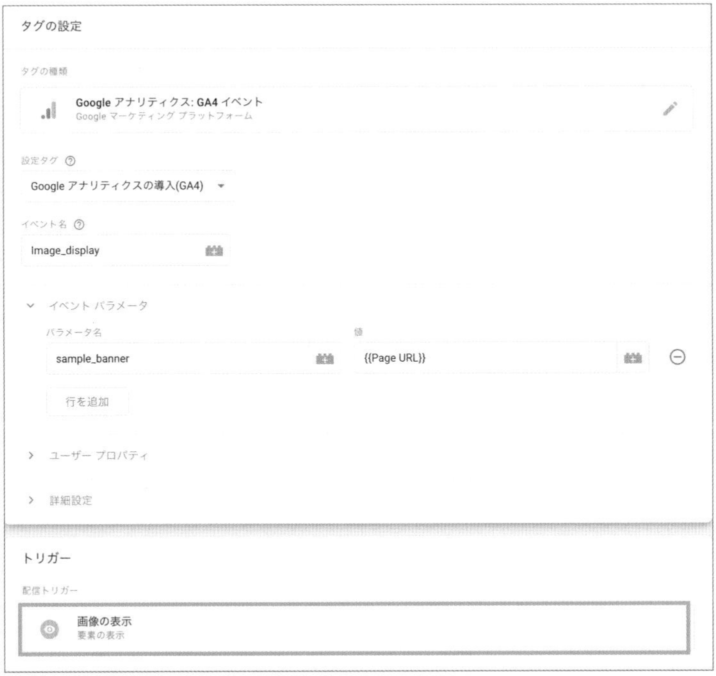

図5-12-14　画像表示の取得の設定例

タグが正常に動いているか、プレビューモードやGoogleアナリティクスのDebug Viewレポートで確認しておきましょう。

図5-12-15　プレビューモードの確認画面

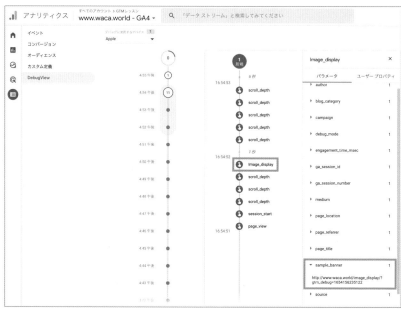

図5-12-16　**GA4のDebugView画面**

　Debug Viewレポートは、GTMのプレビューモードを使用している際にGA4の
「設定」→「Debug View」を選択することで、すべてのイベントとパラメータが
確認可能なレポートです。リアルタイムにデータ取得の検証が可能であり、タグの
動作検証に役立ちます。

5-13

フォームの要素クリックの取得
(UA、GA4)

お問い合わせフォームの「名前」「メールアドレス」など、記入欄のクリックを計測することで、どの箇所まで入力されていたのか、どの箇所で入力を放棄したのかを判断できます。入力放棄が多い項目を改善することでお申し込みフォームからの離脱を防ぎ、より多くのコンバージョンを獲得できる可能性が高まります。

フォーム要素クリックの取得を実装すべきシーン
1. お申し込みフォームの入力項目、放棄項目を把握した場合
2. お申し込みフォーム改善のヒントを得たい場合
【前提】お申し込みフォームは設置済み(サンプル)、「入力項目」「同意ボタン」「送信ボタン」のクリックを計測します。

図5-13-1　**フォームの放棄項目を計測**

フォームの要素クリックの取得〜UA編〜

　各入力項目がクリックされた際に発火するトリガーから作成します。各入力項目は「<input>タグ」で構成されており、その中の「name属性」にて「お名前 (=your-name)」「ふりがな(=kana-name)」と項目ごとに名称が付されています。「お問い合わせ内容」の入力項目は「<textarea>タグ」で構成されています。

　つまり、「<input>タグ、<textarea>タグが押下されたら発火 (トリガー)」→「発火したタイミングでname属性の値を取得 (変数)」することで、各入力項目のクリック数を取得できます。

図5-13-2　デベロッパーツールでフォーム要素を確認

図5-13-3　デベロッパーツールでフォーム要素を確認

　まずは「<input>タグ、<textarea>タグが押下されたら発火 (トリガー)」の作成から行いましょう。「<input>タグ、<textarea>タグ」の押下を判定するために、トリガーの作成の前に「自動イベント変数」を用意します。

1.「変数」→「新規 (わかりやすい名称、サンプルは「$要素のタイプ」)」→「自動イベント変数」をクリックします。

図5-13-4 「ページ要素」→「自動イベント変数」を選択

2. 「変数タイプ」のセレクトボックスから「要素のタイプ」を選択します。これにより、クリックが発生した際の要素のタイプ（<input>タグ、<textarea>タグなど）を取得できます。

※要素は大文字で取得されます。以下、プレビューモードの「Variables」を参照。

図5-13-5 プレビューモードで「要素のタイプ」の取得を確認

3. これで「<input>タグ、<textarea>タグが押下されたら発火（トリガー）」のトリガー条件を設定できました。残りの「<input>タグ、<textarea>タグが押下されたら発火（トリガー）」というトリガーを設定します。

図5-13-6 「変数タイプ」→「要素のタイプ」を選択

4.「トリガー」→「新規（わかりやすい名称、サンプルは「$フォーム要素のクリック」）」
→「クリック（すべての要素）」をクリックします。

図5-13-7 **「クリック」→「すべての要素」を選択**

5. 次表を参考にトリガーの設定を行いましょう。

トリガーの設定例	
このトリガー の発生場所	**一部のリンククリックを選択** フォーム入力項目のクリックを計測する場合は「<input>タグ、<textarea>タグ」を計測対象とする必要があるため、ここでは「一部のクリック」を選択する
イベント発生時にこれらすべての条件が true の場合にこのトリガーを配信する	
左部	**「$要素のタイプ」を選択** 先ほど設定した自動イベント変数の名前を選択する
中央部	**「正規表現に一致」を選択**
右部	**「INPUT|TEXTAREA」を入力** 自動イベント変数で取得された要素タイプ（大文字）を入力する ここでは正規表現を利用して「INPUT」または「TEXTAREA」を指定する

図5-13-8 **トリガーの設定例**

これでトリガーの設定は完了です。続いて、「発火したタイミングでname属性の値を取得（変数）」する設定を行いましょう。こちらも「自動イベント変数」を利用して「name属性」の値を取得します。

「変数」→「新規（わかりやすい名称、サンプルは「$要素のname名」）」→「自動イベント変数」をクリックします。

図5-13-9　**「ページ要素」→「自動イベント変数」を選択**

6. 「変数タイプ」のセレクトボックスから「要素の属性」を選択します。入力項目の「name属性」の値を取得するため、属性名には「name」を指定します。

図5-13-10　**デベロッパーツールで属性名を確認**

図5-13-11　**「変数タイプ」→「要素の属性」を選択、属性名はnameを指定**

これにより、クリックが発生した際の要素の属性名（name属性の値）を取得できます。
※以下、プレビューモードの「Variables」を参照

図5-13-12　プレビューモードの確認画面

これで「発火したタイミングでname属性の値を取得（変数）」の変数を設定できました。

7.「送信ボタン」には「name属性」が付与されていないため、クリックされた項目名を取得できません。送信ボタンには「type="submit"」が付与されているため、「submit」を項目名として取得していきます。やり方は先ほどの「name属性を取得」と同様、自動イベント変数にて「type属性を取得」にて取得します。

8.「変数」→「新規（わかりやすい名称、サンプルは「$要素のtype名」）」→「自動イベント変数」をクリックします。

図5-13-13　「ページ要素」→「自動イベント変数」を選択

9.「変数タイプ」のセレクトボックスから「要素の属性」を選択します。「type属性」の値を取得するため、属性名には「type」を指定します。

図5-13-14　デベロッパーツールで属性名を確認

図5-13-15　「変数タイプ」→「要素の属性」を選択、属性名はtypeを指定

これにより、クリックが発生した際の送信ボタンの属性名(type属性の値=submit)を取得できます。

※以下、プレビューモードの「Variables」を参照

図5-13-16　プレビューモードの確認画面

これで送信ボタンも「発火したタイミングで属性の値を取得（変数）」を設定できました。

10. ここまでで「name属性の値」「type属性の値」の2つの変数を用意しました。Googleアナリティクスのイベントにて、例えば「ラベル」にクリックされたフォーム要素を表示する場合、変数の入力箇所は1つです。そこで「ルックアップテーブル」を利用して2つの変数をまとめる作業を行います。

11. 「変数」→「ユーザー定義変数」の「新規」ボタンをクリックし、わかりやすい変数の名称を記入（サンプルは「$ルックアップ_フォーム要素」）し、変数の設定をクリックします。

12. メニューから「ルックアップテーブル」を選択します。

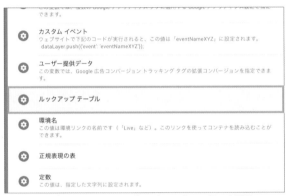

図5-13-17 **「ユーティリティ」→「ルックアップテーブル」を選択**

13. ルックアップテーブルの入力欄に次表を入力します。

ルックアップテーブルの入力例		
項目	値	説明
変数を入力	{{$要素のname名}} を選択	自動イベント変数で作成した「{{$要素のname名}}」をキーと設定する
ルックアップテーブル	入力：(空白) 出力：{{$要素のtype名}}	キーである{{$要素のname名}}が「(空白)」の場合には「{{$要素のtype名}}」を出力する、という意味 {{$要素のname名}}が取得されている場合はスキップする
デフォルト値を設定	オン	ルックアップテーブルで一致する値が見つからなかったときに、この変数の値を明示的に設定する
デフォルト値	{{$要素のname名}}	ルックアップテーブルで取得された値が「(空白)」以外の場合は、{{$要素のname名}}を設定する

つまり、

A：{{$要素のname名}}が「（空白）」の場合（＝送信ボタン）は{{$要素のtype名}}を設定

B：{{$要素のname名}}が「（空白）」ではない、取得できている場合（＝フォーム入力項目）は{{$要素のname名}}を設定

という意味になります。

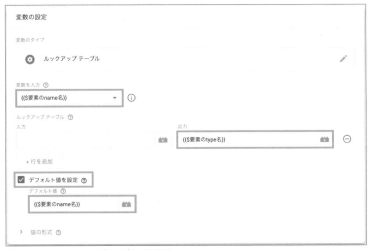

図5-13-18　**ルックアップテーブルの設定例**

「保存ボタン」を押せば完了です。これで、「{{$要素のname名}}」と「{{$要素のtype名}}」を条件に分けて1箇所に表示できるようになります。

14. それでは最後にタグの設定を行いましょう。

「タグ」→「新規」をクリックします。わかりやすい名前（サンプルは「＄フォーム要素のクリック数の計測（UA）」）を付け、「タグの設定」をクリックします。メニュー内から「Googleアナリティクス：ユニバーサルアナリティクス」を選択します。

図5-13-19　**「Googleアナリティクス：ユニバーサルアナリティクス」を選択**

次表を参考に設定します。

イベントタグの設定例	
項目	**入力値**
カテゴリ	「フォーム要素クリック」 (任意：わかりやすい名称を記入)
アクション	「click」 (任意：クリックアクション発生を意味)
ラベル	「{{$ルックアップ_フォーム要素}}」 (任意：先ほど作成した{{$ルックアップ_フォーム要素}}変数を指定することで、フォームの入力項目名または送信ボタンクリック時のsubmitの値を計測できる)
値	「(空白)」 (任意：値に設定された数値がGoogleアナリティクスのイベントレポート内で反映される)

図5-13-20　**イベントの設定例**

Googleアナリティクス設定：Googleアナリティクス変数を設定している場合はそちらを選択、設定していない場合は「このタグでオーバーライド設定を有効にする」を選択し、トラッキングIDを入力します。

15. 「タグを保存」により、タグの設定は完了です。トリガーには先ほど作成した「$フォーム要素のクリック」を指定して「保存」をクリックすれば完了です。

図5-13-21　**フォームの要素クリックの取得の設定例**

タグが正常に動いているか、プレビューモードやGoogleアナリティクスのリアルタイムレポートで確認しておきましょう。

図5-13-22　プレビューモードの確認画面

フォームの要素クリックの取得〜GA4編〜

　続いて、GA4の設定方法について解説します。GA4もトリガーはGoogleアナリティクスの設定と同様のため、タグの設定から見ていきましょう。

1. 上部に名前「$フォーム要素のクリック数の計測(GA4)」を入力し、「タグの設定」をクリックします。メニュー内から「Googleアナリティクス：GA4イベント」を選択します。

図5-13-23　「Googleアナリティクス：GA4イベント」を選択

2. タグの設定画面では、次表のとおりに入力します。

設定タグ/イベント名	
項目	解説
設定タグ	「**Googleアナリティクスの導入 (GA4)**」 (「Googleアナリティクス：GA4設定」を作成していない場合は「なし - 手動設定したID 」を選択の後、測定IDを入力する)
イベント名	「**form_element_click**」 (任意：ここに入力した名称がGA4のイベント項目として表示される)

イベントパラメータ		
パラメータ名	値	説明
form_element_name	{{$ルックアップ_フォーム要素}}	{{$ルックアップ_フォーム要素}} 変数を指定することで、フォームの入力項目名または送信ボタンクリック時のsubmitの値を計測できる

図5-13-24　**イベントの設定例**

　トリガーには「$フォーム要素のクリック」を指定して「保存」をクリックすれば完了です。

図5-13-25　**フォームの要素クリックの取得の設定例**

　タグが正常に動いているか、プレビューモードやGoogleアナリティクスのリアルタイムレポートで確認しておきましょう。

図5-13-26　**プレビューモードの確認画面**

図5-13-27　**GA4のDebugView画面**

Chapter 6

現場で使える逆引きレシピ
応用編

Chapter 6ではGoogleタグマネージャーの基本
機能からステップアップして、応用的な使い方を学習
します。Chapter 6の最たる目的は、みなさまが自
身で独自の設定ができるような足がかりを作ることで
す。「どのように設定すれば、どのような計測ができ
るのか」を軸に紹介していますが、みなさまの環境
によっては、利用する価値がないものが含まれてい
るかもしれません。ただ単純に模倣するだけでなく、
「考え方」に主眼を置いて学習してみてください。

オリジナルの変数作成

Googleタグマネージャー(以下、GTM)には、あらかじめ用意されている「組み込み変数」と、ユーザー側で変数を定義する「ユーザー定義変数」の2種類があります。

とくにユーザー定義変数は、アイデア次第でさまざまな変数を作成できます。使い方1つで組み込み変数だけでは設定できない詳細な条件設定が可能になるので、現場で利用頻度が高く、かつ容易に設定できるものを厳選して紹介します。

ページパス＆パラメータの取得

ウェブサイトのページURLによっては、下記のようにURL末尾に「?」から始まる文字列が付与されているものがあります。

(例) https://●●.com/item/?cat=123

この「?cat=123」の部分は「パラメータ」と呼ばれるもので、その機能や利用目的はウェブサイトによって様々です。代表的な例として、パラメータの内容によってページの表示内容を変更したり、パラメータ付きのURLをクリックさせることでユーザーの流入経路を特定したりする場合に用いられるケースが挙げられます。

では、冒頭で例に挙げた「https://●●.com/item/?cat=123」のページを閲覧した時に発火するトリガーを作る場合はどのように設定すればよいでしょうか？
実際に例のURLにアクセスすると「Page URL」と「Page Path」に格納される値は次のとおりとなります。

- Page URLの場合：https://●●.com/item/?cat=123
- Page Pathの場合：/item/

ご覧のとおり、「Page Path」はパラメータを除外してパスのみを取得します。

そのため、パラメータによって表示内容が変わるページでは、パスのみだと特定のページを指定できないことになります。

「それならばPage URLを使えばいい」ということになりますが、ウェブサイトの引っ越しやSSL化（httpからhttpsへの変更）をすることになった場合、「Page URL」で設定していたトリガーをすべて書き直すことになります。

「Page Path」にパラメータが付与されている変数があればいいのですが、GTMに標準で用意されている変数の中に該当するものはありません。そこで今回は、「Page Path」にパラメータを付与した「ページパス＆パラメータ」変数を作成してみましょう。

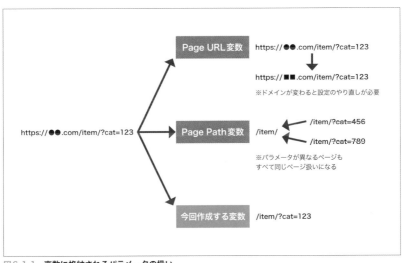

図6-1-1　変数に格納されるパラメータの扱い

1. GTMの左メニュー「変数」からユーザー定義変数を新規で作成します。

■クエリ
変数のタイプ：URL
要素タイプ：クエリ

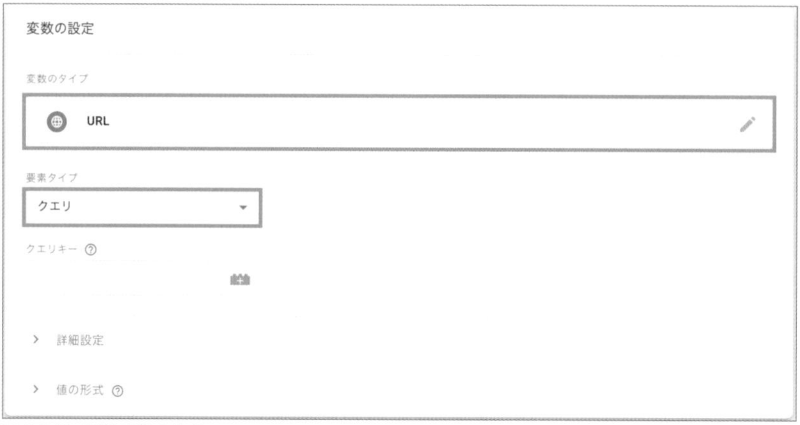

変数の設定

変数のタイプ

🌐 URL   ✏

要素タイプ

クエリ   ▼

クエリキー ⑦

🔋

> 詳細設定

> 値の形式 ⑦

図6-1-2 URL変数の作成

　URLタイプの変数は、URLから指定の部分を抽出できます。今回はパラメータ
である「?」以降の部分を抽出したいので、要素タイプを「クエリ」で指定してい
ます。ただ、クエリで抽出した場合は「?」が含まれないため、後の設定でページ
パスと連結させる際に「?」を追記する必要があるので注意してください。

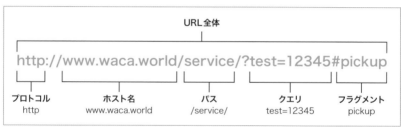

図6-1-3 URL変数の概要

2. GTMの左メニュー「変数」からユーザー定義変数を新規で作成します。

■ ページパス＆パラメータ

変数のタイプ：ルックアップテーブル
変数を入力：{{クエリ}}
ルックアップテーブル
　　　　　1行目：（入力）{{クエリ}} /（出力）{{Page Path}}?{{クエリ}}
　　　　　2行目：（入力）空白 /（出力）{{Page Path}}

変数の設定

変数のタイプ

⚙ ルックアップ テーブル　　　　　　　　　　　　　　　　　　　　✏

変数を入力 ⑦

{{クエリ}}　　　　　　　▾　ⓘ

ルックアップ テーブル ⑦

入力　　　　　　　　　　　　　　　　出力

{{クエリ}}　　　　　　　🗎　　{{Page Path}}?{{クエリ}}　　　🗎　⊖

　　　　　　　　　　　　🗎　　{{Page Path}}　　　　　　🗎　⊖

＋ 行を追加

☐ デフォルト値を設定 ⑦

＞ 値の形式 ⑦

図6-1-4　ルックアップテーブル変数の作成01

この設定は、「クエリ」変数の値に応じて出力する値を変える設定をしています。

　ルックアップテーブルの1行目は、「クエリがある場合は、ページパスと「?」とクエリを順番に出力する」設定です。URL変数を作成した時に、「クエリに「?」は含まれない」と説明しましたが、ここで「{{Page Path}}」と「{{クエリ}}」の間に「?」を追記しています。2行目は「クエリが空の場合（入力）に、ページパスのみを（出力）する」設定になっています。

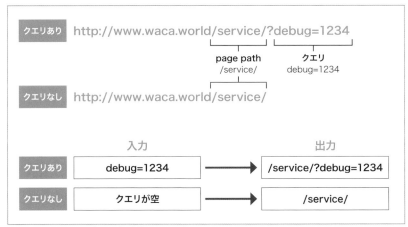

図6-1-5　ルックアップテーブル変数のイメージ

また、2行目については下記のような設定も考えられます。

図6-1-6　ルックアップテーブル変数の作成02

　この設定は「クエリが空の場合(入力)に、空を(出力)する」設定で、言い換えるとクエリが空なら何も出力しない設定になります。

　どちらを設定するかについては、GTMの運用方針やウェブサイトの環境に合わせて、お好みで選んでください。

3. 値が正常に取得できているかを確認するために、GTMのプレビューを実行します。「プレビュー」ボタンをクリックした後に「Connect Tag Assistant to your site」のポップアップが表示されるので、次の設定をして「Connect」をクリックしてください。

- Your website's URL：http://www.waca.world/service/
- Include debug signal in the URL：チェックを入れる

図6-1-7　Tag Assistantの接続画面

4. Tag Assistant左メニュー「Consent Initialization」を選択して、右側画面の「Variables」タブをクリックすると、変数名と格納されている値を確認できます。

図6-1-8　**Tag AssistantのVariablesタグ画面**

今回はTag Assistantに接続する時に「debug signal」を有効にしたため、接続されるページのURL末尾にGTMのデバッグ用パラメータが付与されて、次のとおりとなります。

■ページURL（末尾の数字は接続ごとに変わります）
http://www.waca.world/service/?gtm_debug=1647068806080

そのため、ページパス＆パラメータに下記の値が記載されていることが確認できれば、GTMを公開して設定完了です。

■ページパス＆パラメータ
/service/?gtm_debug=1646287296561

ページタイトルの取得

　Googleアナリティクス(以下、GA)でページの分析をする場合は、ページURL
やページタイトルがよく利用されます。しかし、GTMでは、ページURLは「Page
URL」や「Page Path」の変数で取得できますが、「ページタイトル」を取得する
変数はありません。

　「Page Path」や「Page URL」と異なり、「ページタイトル」をトリガーの条件
判定に使用することはあまりないのですが、ユニバーサルアナリティクス(以下、
UA)のイベントのラベルやアクション、仮想ページビューのタイトル設定などで役
に立つ場合があります。簡単な設定ですぐに作成できるので、今回は「ページタイ
トル」を取得する変数にチャレンジしましょう。

図6-1-9　デモ環境トップページのタイトルのソース

1. GTMの左メニュー「変数」からユーザー定義変数を新規で作成します。
　JavaScript変数は、JavaScriptのグローバル変数に入っている値を格納する変
数です。ここではJavaScriptの「document.title」プロパティをグローバル変数
名に入力することで、ページタイトルを取得しています。

■ ページタイトル

変数のタイプ：JavaScript変数
グローバル変数名：document.title

図6-1-10　JavaScript変数の作成

2. 値が正常に取得できているか確認するために、GTMのプレビューを実行します。Tag AssistantのSummary欄から「Consent Initialization」を選択して、右側画面の「Variables」タブをクリックしてください。変数と格納されている値の一覧が表示されるので、「ページタイトル」の値を確認してください。

図6-1-11　Tag AssistantのVariablesタブ画面

すべての値が確認できれば、GTMを公開して設定完了です。

画像のAltテキストの取得

　リンク付きの画像や、リンクのない通常の画像をクリックした時にタグを発火させたい場合は、「すべての要素」や「リンクのみ」などのクリック系のトリガーで条件を設定することがほとんどです。

　画像を設置する場合に利用されるHTMLの「<img>タグ」にはIDやClassが設定されていることがあるので、IDやClassはトリガーで条件を設定する際に利用したり、GAのイベント計測でイベント名やラベル名に利用したりすることがあります。

　ただ、すべての画像にIDやClassが指定されているわけではないため、特定の画像や要素を指定する代替方法として「alt」と呼ばれる属性の値を利用します。「alt」は「画像の代替テキスト」のことで、目の不自由な方が音声読み上げ機能を利用する時や、何らかの理由で画像が表示できない時に変わりに表示されるテキストとして利用されています。ただ、「alt」のテキストもIDやClassと同様に必ず入力されているわけではないのですが、特定の画像を条件指定するための保険として活用する余地は充分にあります。今回はクリックした画像の「alt」テキストを格納する変数を作成してみましょう。

図6-1-12　**デモ環境のロゴのAltテキスト**

1. GTMの左メニュー「変数」から「組み込み変数」の右上にある「設定」ボタンをクリックしてください。

　組み込み変数の一覧が表示されるので、「クリック」の見出しの中にある「Click●●」のいずれかにチェックが入っているか確認してください。もしチェックが1つも入っていない場合は、次のステップで設定する変数が動作しないため、必ずどれか1つにチェックを入れてください。

図6-1-13　クリックの組み込み変数

2. GTMの左メニュー「変数」からユーザー定義変数を新規で作成します。

　自動イベント変数は、何かのイベント（ページビューやクリック、タイマーなど）が発生した時に指定の要素の値を取得する変数です。今回はクリックした画像のAltテキストを取得できれば良いので、「イベント（クリック）」が発生した時にAltテキストを自動で取得する自動イベント変数を利用しています。

■ALTテキスト
変数のタイプ：自動イベント変数
変数タイプ：要素の属性
属性名：alt

図6-1-14 **自動イベント変数の作成**

3. GTMの「プレビュー」を実行して、デモ環境のトップページにアクセスします。メインメニューの左側にロゴマークがあるのでクリックをしてください。

図6-1-15 **alt**が入力されているロゴをクリック

4. Tag AssistantのSummary欄から、1つ前のページの最後に記録されている「Click」を選択してください。選択した後に右側画面の「Variables」タブをクリックして、「ALTテキスト」の値が「Lightning × ExUnit 日本語デモ」であることを確認します。

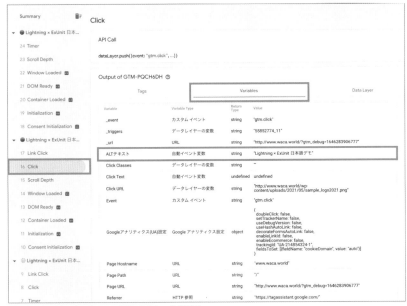

図6-1-16　Tag AssistantのVariablesタグ画面

すべての値が確認できれば、GTMを公開して設定完了です。

クリックしたリンクのパスの取得

　GTMではクリックしたリンクのURL全体を取得する「Click URL」が組み込み変数として用意されています。ただ、クリックしたURL全体をUAでイベントとして送ると、解析する画面が見づらくなります。そこで、今回はクリックしたURLのパスのみを取得する変数を作成してみましょう。

1. GTMの左メニュー「変数」から「組み込み変数」の「Click Element」が有効化されているかを確認してください。

　もし有効化されていない場合は、「設定」ボタンをクリックして「Click Element」にチェックを入れてください。

図6-1-17　組み込み変数「Click Element」の有効化

　GTMの左メニュー「変数」からユーザー定義変数を新規で作成します。先ほど有効化した「Click Element」は、URLだけでなく<div>や<a>などのHTMLタグを含んだ要素を取得する変数で、その中から「.pathname」でパスのみを抽出しています。

■リンククリックパス
変数のタイプ：カスタムJavaScript
カスタム JavaScript：※下記のコードを記載

```
function() {

  var linkClickPath = {{Click Element}}.pathname;

  return linkClickPath;

}
```

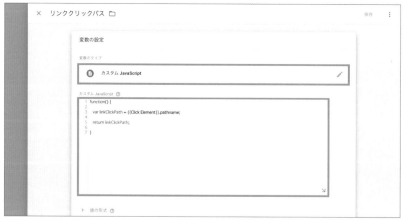

図6-1-18　クリックしたリンクのパスを取得する変数

2. GTMの「プレビュー」を実行して、トップページにアクセスしてください。メインメニューの「サービス案内」の中にある「よくあるご質問」をクリックしてください。

図6-1-19　**よくあるご質問をクリック**

3. Tag AssistantのSummary欄から、「よくあるご質問」のリンクをクリックしたページの「Link Click」を選択してください。画面右側の「Variables」タブで変数一覧が表示されるので「リンククリックパス」の値に「/service/faq/」が格納されていることを確認してください。

図6-1-20　**Tag AssistantのVariablesタグ画面**

すべての値が確認できれば、GTMを公開して設定完了です。

スクリーンサイズによるデバイスカテゴリーの取得

　ウェブサイトはパソコンだけでなく、タブレットやスマートフォンなどのさまざまなデバイス(機器)で閲覧されるため、通常はデバイスによって表示内容やレイアウトを変更します。デバイスを切り替える方法はいくつかあるのですが、現在では画面の表示幅によって表示を切り替えるレスポンシブ方式が主流です。レスポンシブ方式の具体例として、画面幅が900px以上ならデスクトップ、900px未満ならタブレット、500px未満ならスマートフォンに表示内容を切り替えるといった設定が挙げられます。

　今回は、画面の表示幅のpxにあわせて、「desktop」「mobile」「tablet」の文字列をそれぞれ出力する変数を作成します。ただし、デスクトップでウェブサイトを閲覧していて、ブラウザの幅を縮めた場合は、幅に応じてリアルタイムで「tablet」や「mobile」と出力されるわけではなく、イベント(ページビューやクリック、タイマーなど)の発生によって変数の値が更新されます。また、あくまでスクリーンサイズでカテゴライズをして出力しているだけなので、変数に「mobile」が格納された場合、必ずしもスマートフォンで閲覧しているとは限りません。デスクトップでブラウザの幅を縮めた状態でイベント発生すると、「tablet」や「mobile」に分類されますので、その点だけご注意ください。

1. デモ環境のトップページにアクセスして、任意の場所で右クリックをして「検証」をクリックしてください。

図6-1-21　トップページで検証をクリック

2. 検証画面の左上にある「スマートフォン・タブレットのアイコン」をクリックして
ください。

図6-1-22　**デバイスのツールバーを切り替え**

3. 画面上部に「サイズ：●●」と記載されているセレクトボックスから「レスポン
シブ」を選択してください。

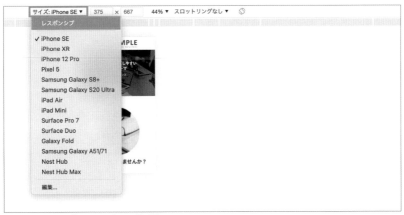

図6-1-23　**サイズからレスポンシブを選択**

4. 2つある数値の入力欄のうち、左側の数字を「991」に変更してください（数字
を直接入力、もしくは入力欄右側の上下のアイコンを押し続けることで変更でき
ます）。

　入力値が「992」から「991」に切り替わる時点を境に、メインメニューがハンバー
ガーメニューに切り替わります。ここが「desktop」と「tablet」の境界線になる
ので、「991」の数値をメモ帳などに控えておいてください。

図6-1-24　desktopからtabletへの表示変更

5. 次にページを下にスクロールして「実績豊富な当社におまかせください！」の見出しがあるエリアまで移動してください。この時点では画像のアイコンが3つ横並びに配置されていることが確認できます。このエリアで先ほど「991」と入力した数値を「575」に変更してください。

図6-1-25　tabletのスクリーンサイズで表示した状態

6. 入力値が「576」から「575」に切り替わる時点を境に、横並びだった画像が縦1列に表示されます。ここが「tablet」と「mobile」の境界線になるので、「575」の数値をメモ帳等に控えておいてください。

図6-1-26　**mobileのスクリーンサイズで表示した状態**

7. 検証画面の左上にある「スマートフォン・タブレットのアイコン」をクリックして、通常のデスクトップ表示時の状態に戻してください。

図6-1-27　**デバイスのツールバーを切り替え**

8. GTMの左メニュー「変数」からユーザー定義変数を新規で作成します。「window.innerWidth」は、ブラウザで現在表示している画面の幅の値を取得しています。取得した値が「575以下」の場合は「mobile」、「991以下」の場合は「tablet」、それ以外の場合は「desktop」のテキストが出力されます。

■スクリーンタイプ判定
変数のタイプ：カスタムJavaScript
カスタム JavaScript：※下記のコードを記載

```javascript
function () {

  var screenWidth = window.innerWidth;
  var screenType;

  if (screenWidth <= 575) {
    screenType = "mobile";
  } else if (screenWidth <= 991) {
    screenType = "tablet";
  } else {
    screenType = "desktop";
  }

  return screenType;

}
```

図6-1-28　**スクリーンタイプを判定する変数**

9. GTMの「プレビュー」を実行して、トップページにアクセスした後に、Tag
Assistantの Summary 欄から「Consent Initialization」をクリックしてください。
画面右側の「Variables」タブで変数一覧が表示されるので「スクリーンタイプ判定」
の値に「desktop」が格納されていることを確認してください。

図6-1-29 **Tag AssistantのVariablesタブ**

10. ステップ01～06を参考にして、スクリーンサイズを「991」や「575」に変
更してから、ほかのページに移動した後に、Tag Assistantの左Summary欄から
リンクをクリックしたページの「Link Click」をクリックしてください。先ほど入力
したスクリーンサイズによって格納されている値が「tablet」や「mobile」に変わっ
ていることを確認してください。

	cookie_関係者除外	ファーストパーティ Cookie	string	'internal'
Summary	Event	カスタム イベント	string	'gtm.linkClick'
◆ デザイン要素サンプル	Li...	Googleアナリティクス(UA)設定	Google アナリティクス設定	object	{ doubleClick: false, setTrackerName: false, useDebugVersion: false, useHashAutoLink: false, decorateFormsAutoLink: false, enableLinkId: false, enableEcommerce: false, trackingId: "UA-214854324-1", fieldsToSet: [{fieldName: "cookieDomain", value: "auto"}] }
27 Scroll Depth				
26 Window Loaded	Page Hostname	URL	string	'www.waca.world'
25 DOM Ready	Page Path	URL	string	'/service/'
24 Container Loaded	Page URL	URL	string	'http://www.waca.world/service/'
23 Initialization	Referrer	HTTP 参照	string	'http://www.waca.world/?gtm_debug=1646879850412'
22 Consent Initialization	Scroll Depth Threshold	データレイヤーの変数	number	20
◆ サービス案内	Lightning ...	スクリーンタイプ判定	カスタム JavaScript	string	'tablet'
21 Link Click	デバックモード	デバッグモード	boolean	true
20 Click	パラメータ	URL	string	''
19 Click	ページタイトル	JavaScript 変数	string	'サービス案内	Lightning × ExUnit 日本語デモ'
18 Scroll Depth	ページパス&パラメータ	ルックアップ テーブル	string	'/service/'
17 Timer	ルックアップ_ContactForm7	ルックアップ テーブル	undefined	undefined
16 Scroll Depth	ルックアップ_SNS	ルックアップ テーブル	undefined	undefined

図6-1-30 **スクリーンサイズが「991」の場合**

	Click URL	データレイヤーの変数	string	"http://www.waca.world/service/"
Summary 🗑	cookie_関係者除外	ファーストパーティ Cookie	string	"internal"
▼ ◆ サービス案内｜Lightning ...	Event	カスタム イベント	string	"gtm.linkClick"
17 Timer				{
16 Scroll Depth				doubleClick: false,
				setTrackerName: false,
	Googleアナリティクス(UA)設定	Google アナリティクス設定	object	useDebugVersion: false,
15 Window Loaded 📖				useHashAutoLink: false,
				decorateFormsAutoLink: false,
14 DOM Ready 📖				enableLinkId: false,
				enableEcommerce: false,
13 Container Loaded 📖				trackingId: "UA-214854324-1",
				fieldsToSet: [{fieldName: 'cookieDomain', value: 'auto'}]
12 Initialization 📖				}
	Page Hostname	URL	string	"www.waca.world"
11 Consent Initialization 📖	Page Path	URL	string	"/"
▼ ◆ Lightning × ExUnit 日本...	Page URL	URL	string	"http://www.waca.world/?gtm_debug=1646879850412"
	Referrer	HTTP 参照	string	"https://tagassistant.google.com/"
10 Link Click	Scroll Depth Threshold	データレイヤーの変数	number	10
9 Click	スクリーンタイプ判定	カスタム JavaScript	string	"mobile"
8 Click	デバックモード	デバッグモード	boolean	true
7 Timer	パラメータ	URL	string	"gtm_debug=1646879850412"
6 Scroll Depth	ページタイトル	JavaScript 変数	string	"Lightning × ExUnit 日本語デモ｜Just another サイト 株式会社サンプル site"
	ページパス&パラメータ	ルックアップ テーブル	string	"/?gtm_debug=1646879850412"
	ルックアップ_ContactForm7	ルックアップ テーブル	undefined	undefined

図6-1-31　スクリーンサイズが「575」の場合

すべての値が確認できれば、GTMを公開して設定完了です。

さまざまなファイルクリックの計測

UAでPDFやWord、Excelなどのファイルのクリック数を計測する場合は、UA単独で設定できないため、サイトのソース内に処理を記載するか、GTMで設定をする必要があります。

ソースに処理を記載する場合は、クリック数を計測したい画像やファイルに1つずつコードを追記する必要があり、PDFファイルが頻繁に追加される場合や、サイト内に膨大な数のPDFファイルがある場合は、作業にかなりの手間がかかります。また、ソースを編集する時に、コピーペーストのミスや、複数人で作業している場合に管理が複雑になる可能性が高まるため、この手法はできれば避けたいところです。

```
<a href="/file/paper.pdf" onclick="gtag('event', 'download',
{'event_category': 'pdf', 'event_label': 'paper.pdf'})">資料ダウン
ロード</a>
```

ファイルごとに追加の記述をしなければいけない

図6-2-1　ソースの追記によるPDFクリック計測の例

ソースで処理する場合とは異なり、GTMで設定をする場合は、少ない処理でファイルのクリック数計測の手間を大幅に軽減できます。また、将来的にサイト内のファイルが次々に増えたとしても、基本的に追加の処理をする必要はありません。

また、GA4に関しては、標準でファイルのクリックを計測できます。全種類のファイルを取得できるわけではありませんが、PDFや動画ファイル(mp4やmov)、WordやExcelなど利用頻度が高いファイルはおおむね計測できます。

今回はGA4で計測できるファイル種別を基準として、UAでも同程度の計測ができる設定をしてみましょう。

GTMの変数設定

クリックファイル名を取得する変数

GTMの左メニュー「変数」からユーザー定義変数を新規で作成します。

■ クリックファイル名

変数のタイプ：カスタムJavaScript
カスタムJavaScript：※下記のコードを記載

```
function() {

  var filePath = {{リンククリックパス}}.pathname.split("/");
  var fileName = filePath.pop();
  var decodedFilename = decodeURI(fileName);

  if (decodedFilename.indexOf(".") > -1) {
    return decodedFilename;
  } else {
    return "";
  }

}
```

コードの内容を簡単に説明します。

■ var filePath = {{リンククリックパス}}.pathname.split("/")

ここでは［6-1　オリジナルの変数作成］で作成した「リンククリックパス」を利用します。例えば、「リンククリックパス」で「/wp-content/uploads/2022/01/test.pdf」というパスが格納されている場合に、「/（スラッシュ）」で文字を分割して「filePath」に配列で格納します。配列の中には「""（※最初の「/」の前なので空）, "wp-content", "uploads", "2022", "01", "test.pdf"」のように6つの文字列が分割で格納されている状態になります。

■ var fileName = filePath.pop();

「filePath」に格納された配列のうち、最後の「test.pdf」を「fileName」に格納します。

■ var decodedFilename = decodeURI(fileName);

「fileName」に格納されたファイル名が日本語の場合は文字化けする場合があるので、正常に表示されるように文字をエンコード（変換）して「decodedFilename」に格納します。今回は「fileName」が「test.pdf」と元から半角英数字のため、「deocdedFilename」にはそのまま「test.pdf」が格納されます。補足ですが、WordPressのメディアに日本語ファイルをアップロードした場合は、WordPress側でファイル名を半角英数字に書き換えるため、このエンコードの処理は効きません。そもそもの話にはなりますが、日々の運用において、ウェブサイトにアップロードするファイル名は半角英数字にしておいた方が無難です。また、Googleの推奨するURL構造[1]では、「sample-doc.pdf」のようにファイル名が2語以上の単語で構成される場合は、「_（アンダーバー）」ではなく、「-（ハイフン）」で単語間をつなぐことが推奨されています。

■ if … return "";

「decodedFilename」に格納された値に「.（ドット）」があれば、「decodedFilename」の値を出力して、そうでない場合は空の値を返します。今回は値が「test.pdf」で「.（ドット）」が含まれているため、そのままの値が出力されます。

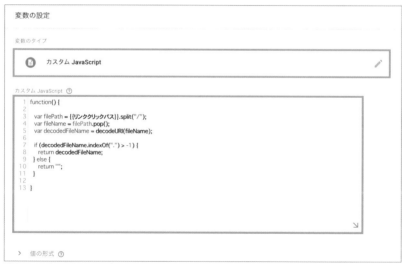

図6-2-2　クリックファイル名を取得する変数

※1　https://developers.google.com/search/docs/advanced/guidelines/url-structure?hl=ja

GTMのトリガー設定

ファイルクリックのトリガー

GTMの左メニュー「トリガー」からトリガーを新規で作成します。クリックした時に反応させるファイルの種類をGA4の設定に準拠させるために、正規表現で「.●●（指定のファイル拡張子）で終わるURL」がクリックされた場合にトリガーが有効になる設定をしています。

■ファイルクリックのトリガー
トリガーのタイプ：クリック - リンクのみ
このトリガーの発生場所：一部のリンククリック
条件(左)：Click URL
条件(中)：正規表現に一致
条件(右)：\.(pdf|xlsx?|docx?|txt|rtf|csv|exe|key|pp(s|t|tx)|7z|pkg|rar|gz|zip|avi|mov|mp4|mpe?g|wmv|midi?|mp3|wav|wma)$

図6-2-3　**ファイルクリックのトリガー**

GTMのタグ設定

ファイルのクリック数の計測

GTMの左メニュー「タグ」からタグを新規で作成します。設定を簡略化する場合は、「クリックファイル名」の変数を作成せずに、「アクション」に「{{Click

URL}}」を入力することでも計測できます。

　ただ、その場合は「http://www.waca.world/wp-content/uploads/2022/01/
test.pdf」のように、ファイル名以外が含まれたURL全体が格納されます。URL全
体では余分な文字が多く解析画面が見づらくなるため、今回は「クリックファイル名」
の変数で、「test.pdf」だけを格納するように設定しています。

■ファイルのクリック数の計測
タグの種類：Googleアナリティクス：ユニバーサルアナリティクス
トラッキングタイプ：イベント
カテゴリ：ファイルクリック
アクション：{{クリックファイル名}}
ラベル：{{Page Path}}
非インタラクションヒット：偽　※ Appendix（378ページ）参照
Google アナリティクス設定：{{Google アナリティクス (UA) 設定}}
※ Chapter 5（119ページ）参照
トリガー：ファイルクリックのトリガー

図6-2-4　**ファイルのクリック数の計測 (UA)**

プレビューによる検証

1. LOCALの「ADMIN」ボタンをクリックして、WordPressにログインしてください。

図6-2-5　**LOCALからWordPressログインページにアクセス**

2. WordPressの左メニュー「メディア」から「新規追加」をクリックしてください。

図6-2-6　**メディアの新規追加**

3.「ファイルを選択」ボタンをクリックして、任意のファイル(PDFやWord、Excelファイルなど)をアップロードしてください。今回は「test.pdf」という名前のPDFファイルをアップロードした例で進めます。

図6-2-7　メディアのファイル選択

4. アップロード完了後の画面で、アップロードしたファイルを選択してください。

図6-2-8　アップロードしたファイルの選択

5. 「添付ファイルの詳細」画面が表示されるので、画面右側の「URLをクリップボードにコピー」ボタンをクリックしてください。これで、アップロードしたPDFファイルのURLをコピーできます。

図6-2-9　添付ファイルの詳細画面

6. WordPressの左メニュー「投稿」から「新規追加」をクリックしてください。

図6-2-10　投稿の新規追加

7. 新規投稿ページのタイトルに「PDF-test」、本文に「PDFダウンロード」と入力してください。

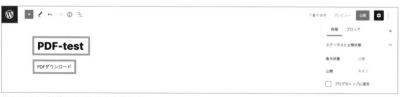

図6-2-11　投稿のタイトルと本文入力

8. 本文の「PDFダウンロード」をすべてドラッグすると、上部にアイコンボックスが表示されるので、「リンク」のアイコンをクリックしてください。

図6-2-12　添付ファイルの詳細画面

9. 入力欄に、ステップ3でコピーしたPDFファイルのURLをペーストしてください。ペーストすると入力欄の真下に地球儀のアイコンのエリアが表示されるので、そのエリア部分をクリックしてください。

　これで、PDFファイルのテキストリンクの設定が完了したので、投稿画面右上の「公開」ボタンをクリックして投稿を公開してください。

図6-2-13　PDFリンクの挿入

10. GTMの「プレビュー」を実行して、「更新情報」ページにアクセスしてください。最新の記事に先ほど公開した「PDF-test」が表示されているので、「続きを読む」ボタンをクリックしてください。

図6-2-14　更新情報ページ

11. 投稿本文内の「PDFダウンロード」をクリックしてください。

図6-2-15 **PDFリンクのクリック**

12. Tag AssistantのSummary欄から、「PDF-test」ページ内の「Link Click」
を選択して、右画面のTags Firedに「ファイルのクリック数の計測」タグが表示
されているのを確認して、タグをクリックしてください。

図6-2-16 **ファイルのクリック数の計測タグの発火確認**

13. 画面右上の「Display Variables as」で「Values」を選択して、下記の項目通りに記載されていることが確認できれば、GTMを公開して設定完了です。

■ファイルのクリック数の計測
カテゴリ："ファイルクリック"
アクション："test.pdf"
ラベル："/pdf-test/"

図6-2-17　**イベントの送信内容の確認**

仮想ページビュー数の計測

ウェブサイトのお問い合わせフォームやECサイトの購入フローによっては、ページを遷移してもURLが変わらないものがあります。

例えば、デモ環境の「お問い合わせ(/contact/)」ページで、名前やメールアドレスなどの項目を満たして送信ボタンをクリックしても、「/contact/thanks/」のような送信完了のページに遷移せず、ページパスは「/contact/」のまま変わりません。

GAの計測において、お問い合わせフォームをコンバージョン(目標達成)としたい場合は、目標となるページパス(サンクスページなど)やイベント(クリックなど)を指定して、指定の条件が達成された時にコンバージョンとしてカウントされる設定をします。ただ、先述のようにURLが変わらない場合は、サンクスページが存在しないためコンバージョン計測に支障をきたします。

この状況を解決する方法の1つとして、今回は「仮想ページビュー(バーチャルページビュー)」の機能をご紹介します。

仮想ページビューは、PDFファイルなどのファイルのリンクやボタンをクリックした時に、クリックのイベント計測ではなく、ページとしてカウントする場合に利用されます。

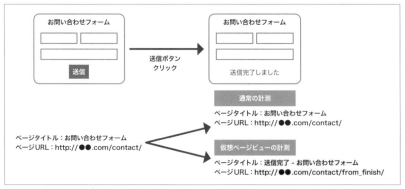

図6-3-1 仮想ページビューの概要

デモ環境のお問い合わせフォームでは、「Contact Form 7」と呼ばれるお問い合わせフォーム構築用のプラグインがすでに実装されています。「Contact Form 7」はWordPressのウェブサイトでは国内外問わず利用率が高い人気のプラグインですが、フォームを送信完了してもURLが変わらないため、GAでコンバージョン計測をするためには別途設定が必要です。GTMのトレーニングには最適なので、ぜひチャレンジしてみてください。

処理の流れ

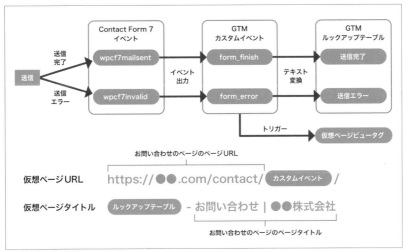

図6-3-2　**処理の流れ**

　今回は処理が多く複雑なので、最初に大まかな処理の流れを説明します。

　「Contact Form 7」は、送信ボタンがクリックされた後に、送信完了の場合は「wpcf7mailsent」、送信エラーの場合は「wpcf7invalid」のイベントを出力します。

　このイベントをそのままGTMで使うことはできないので、GTMで利用できるイベントをカスタムHTMLタグで次のとおり別途出力します。

- 送信成功の場合：「wpcf7mailsent」→カスタムHTML→「form_finish」
- 送信エラーの場合：「wpcf7invalid」→カスタムHTML→「form_error」

カスタムHTMLで出力したイベントを受け取ってトリガーとして使用するために、カスタムイベントのトリガーを作成します。

　カスタムイベントのトリガーが有効になれば、仮想ページビュー計測用のタグが発火します。仮想ページビューでは、存在しないページを擬似的に作成するため、必要な情報を追加するのですが、UAとGA4ではその情報が少し異なります。

UAの場合：フィールドの「title（ページタイトル）」と「page（ページパス）」
GA4の場合：イベントパラメータの「page_title（ページタイトル）」と「page_location（ページURL）」

　まずはページタイトルからですが、デモ環境のお問い合わせページのタイトルは「お問い合わせ | Lightning × ExUnit 日本語デモ」なので、この先頭に「送信完了 - 」「送信エラー - 」とそれぞれ付け加えたものを仮想ページビューのタイトルにします。

- 送信成功の場合：「送信完了 - お問い合わせ | Lightning × ExUnit 日本語デモ」
- 送信失敗の場合：「送信エラー - お問い合わせ | Lightning × ExUnit 日本語デモ」

　この追記する部分を自動で出力するために、カスタムイベントの種類に応じてルックアップテーブル変数で出力内容を変更します。

- 「form_finish」 → 「送信完了」
- 「form_error」 → 「送信エラー」

　次にUAの場合は「page（ページパス）」、GA4の場合は「page_location（ページURL）」が必要になるのですが、先ほどのタイトルと同様にお問い合わせページのURL「http://www.waca.world/contact/」なので、この末尾にカスタムイベント名「form_finish」と「form_error」をそのまま追記します。

■UAの場合 (page)
- 送信成功の場合：「/contact/form_finish/」
- 送信失敗の場合：「/contact/form_error/」

■GA4の場合 (page_location)
- 送信成功の場合：「http://www.waca.world/contact/form_finish/」
- 送信失敗の場合：「http://www.waca.world/contact/form_error/」

デモ環境のフォームはお問い合わせページと採用情報ページにありますが、ウェブサイトによっては資料請求フォームやアンケートフォームなど複数のフォームが設置されている場合もあります。この場合、フォームごとにトリガーやタグを作成することでも対応できますが、フォームが増える度にトリガーやタグが増えるため、作成の手間や管理が複雑になります。

　しかし、今回の設定は、フォームページのタイトルに「送信成功・送信エラー」と付け足したり、ページパスやページURLに「form_finish・form_error」を付け加えたりしているだけなので、フォームの種類が100個に増えても基本的に新しくタグやトリガーを作成する必要はありません(ただし、同一ページに複数のフォームがある場合は、フォームのIDやClassを取得して各フォームを区別する必要があります)。

　少し設定は複雑ですが、この設定ができるようになればGTMでできることの幅が広がるので、ぜひチャレンジしてみてください。

GTMの変数設定

ContactForm7のルックアップテーブル変数

　GTMの左メニュー「変数」からユーザー定義変数を新規で作成します。イベントが「form_finish」の場合は「送信完了」、「form_error」の場合は「送信エラー」と出力される設定をします。

■ルックアップ_ContactForm7
変数のタイプ：ルックアップテーブル
変数を入力：{{Event}}
ルックアップテーブル：
　　　　1行目：(入力)form_finish　/　(出力)送信完了
　　　　2行目：(入力)form_error　/　(出力)送信エラー

図6-3-3 ContactForm7のルックアップテーブル変数

GTMのトリガー設定

ContactForm7のイベントトリガー

　GTMの左メニュー「トリガー」からトリガーを新規で作成します。「form_finish」と「form_error」のどちらでもトリガーが有効になるように、先頭が「form_」から始まるすべてのイベントを、正規表現の先頭一致（^）で指定します。

■ContactForm7のイベントトリガー

トリガーのタイプ：カスタムイベント
イベント名：^form_
正規表現一致を使用：チェックを入れる
このトリガーの発生場所：すべてのカスタムイベント

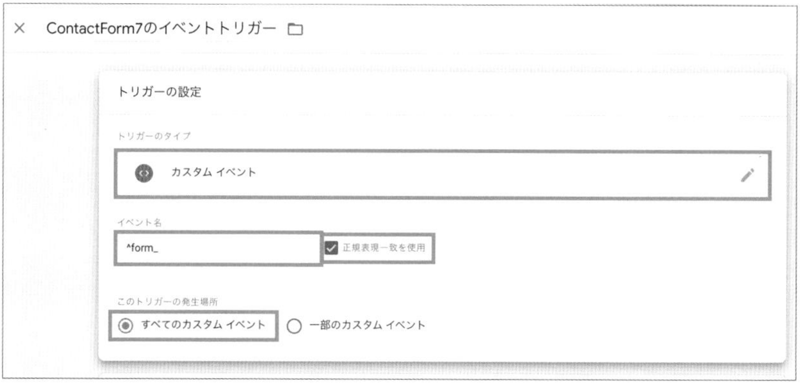

図6-3-4 **ContactForm7のイベントトリガー**

GTMのタグ設定

ContactForm7のイベントのタグ設定

GTMの左メニュー「タグ」からタグを新規で作成します。「Contact Form 7」が出力するイベントが、「wpcf7mailsent（送信成功）」では「form_finish」、「wpcf7invalid（送信エラー）」では「form_error」をデータレイヤー形式で出力する設定をします。

■ContactForm7のイベント

タグの種類：カスタムHTML

カスタムHTML：

```
<script>
    document.addEventListener( 'wpcf7mailsent', function( event ) {
        dataLayer.push({
            'event'        :'form_finish'
        });
    }, false );

    document.addEventListener( 'wpcf7invalid', function( event ) {
        dataLayer.push({
            'event'        :'form_error'
        });
    }, false );
</script>
```

トリガー：All Pages

図6-3-5　ContactForm7イベントのカスタムHTMLタグ

ContactForm7 仮想ページビュー計測のタグ設定（UA）

　GTMの左メニュー「タグ」からタグを新規で作成します。UAで仮想ページビューを作成する場合は、仮想ページの「page（ページパス）」と「title（ページタイトル）」が必要になるため、ここで送信を設定します。

■ContactForm7 仮想ページビューの計測（UA）
タグの種類：Googleアナリティクス：ユニバーサルアナリティクス
トラッキングタイプ：ページビュー
Googleアナリティクス設定：{{Googleアナリティクス（UA）設定 }}
※Chapter 5（119ページ）参照
このタグでオーバーライド設定を有効にする：チェックを入れる
設定フィールド：
（フィールド名）page /（値）{{Page Path}}{{Event}}/
（フィールド名）title /（値）{{ルックアップ_ContactForm7}} - {{ページタイトル}}
※Chapter 6（242ページ）参照
トリガー：ContactForm7のイベントトリガー

図6-3-6 **ContactForm7仮想ページビューのタグ(UA)**

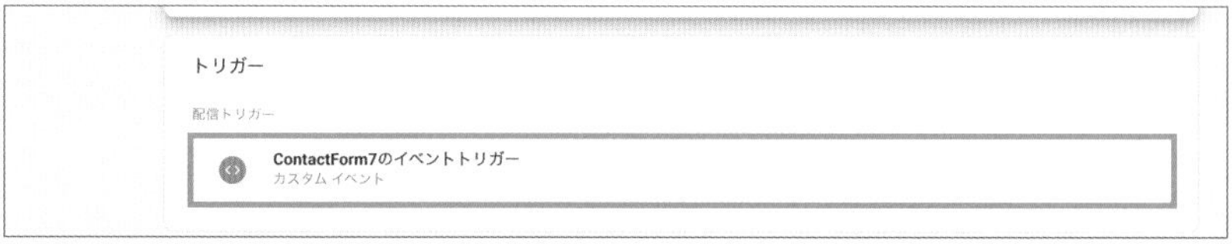

図6-3-7 **ContactForm7仮想ページビューのタグ(UA)**

ContactForm7 仮想ページビュー計測のタグ設定 (GA4)

GTMの左メニュー「タグ」からタグを新規で作成します。GA4で仮想ページ
ビューを作成する場合は、「page_view」イベントのパラメーター「page_
location（ページURL）」と「page_title（ページタイトル）」を送信する必要があり
ます。なお、「ページタイトル」変数の作成方法については、[6-1　オリジナルの
変数作成] を参照してください。

■ContactForm7 仮想ページビューの計測 (GA4)

タグの種類：Googleアナリティクス:GA4イベント
設定タグ：Googleアナリティクスの導入 (GA4)　※Chapter 5 (122ページ) 参照
イベント名：page_view
イベントパラメータ：
(パラメーター名) page_location ／ (値) {{Page URL}}{{Event}}/
(パラメーター名) page_title ／ (値) {{ルックアップ_ContactForm7}} - {{ページ
タイトル}}　※Chapter 6 (242ページ) 参照
トリガー：ContactForm7のイベントトリガー

図6-3-8　**ContactForm7仮想ページビューのタグ (GA4)**

プレビューによる検証

1. GTMの「プレビュー」を実行して、「お問い合わせ(/contact/)」ページにアクセスしてください。まず、送信エラーを検証するために何も入力せずに「送信」ボタンをクリックします。クリック後の送信ボタン下部に「入力内容に不備があります。確認してもう一度送信してください。」と表示されることを確認してください。

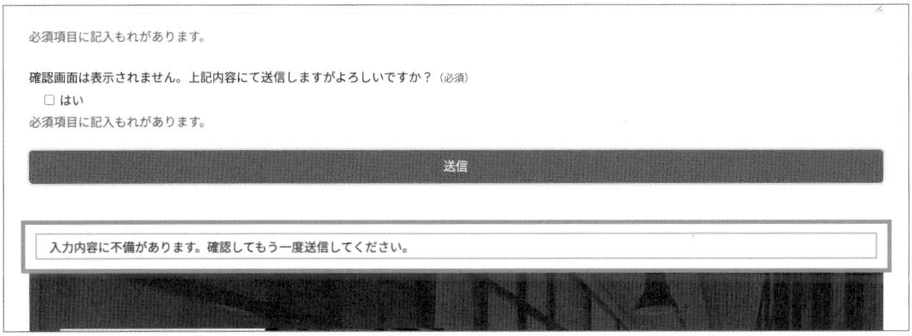

図6-3-9　**フォーム送信エラーの確認**

2. そのまま同じフォームで、今度は入力欄をすべて入力してから「送信」ボタンをクリックしてください(デモ環境では実際にメールは配信されません)。クリック後の送信ボタン下部に「あなたのメッセージは送信されました。ありがとうございました。」と表示されることを確認してください。これで、フォームのエラーと送信完了の2つのアクションが完了しました。

図6-3-10　**フォーム送信完了の確認**

3. Tag AssistantのSummary欄から、「お問い合わせ」ページ内の「form_error」をクリックして、右画面のTags Firedに「ContactForm7 仮想ページビューの計測」タグが表示されているのを確認して、タグをクリックしてください。

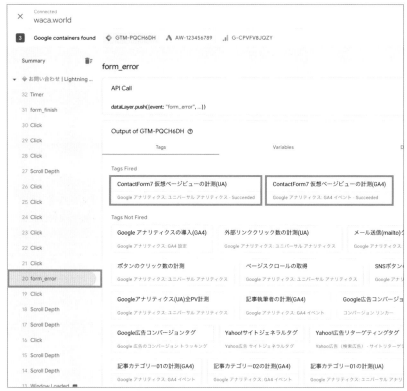

図6-3-11　**Tag Assistantのタグ一覧 (form_error)**

4. 画面右上「Display Variables as」で「Values」を選択して、タグに表示されているデータが下記のとおり取得できているか確認してください。

■ContactForm7 仮想ページビューの計測 (UA)
設定フィールド：fieldName: "page", value: "/contact/form_error/"
設定フィールド：fieldName: "title", value: "送信エラー - お問い合わせ | Lightning × ExUnit 日本語デモ"

図6-3-12 Tag Assistantのタグ画面（UAの場合）

■ContactForm7 仮想ページビューの計測 (GA4)

イベント名："page_view"

イベントパラメータ：

```
name:  "page_location"
value: "http://www.waca.world/contact/form_error/"
name:  "page_title"
value: "送信エラー - お問い合わせ | Lightning × ExUnit 日本語デモ"
```

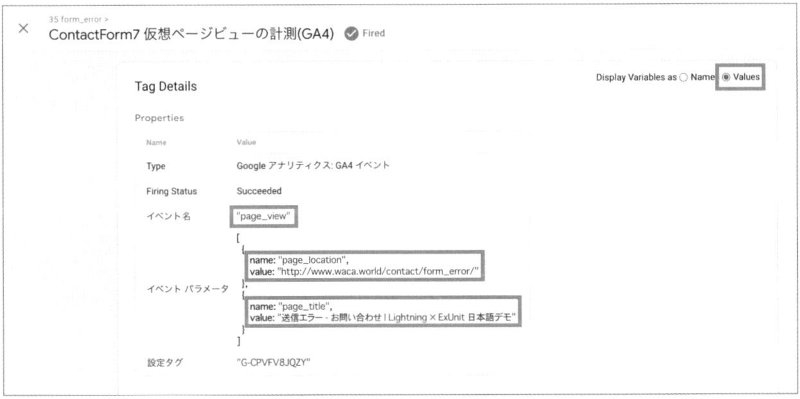

図6-3-13 Tag Assistantのタグ画面（GA4の場合）

5. Tag AssistantのSummary欄から、「お問い合わせ」ページ内の「form_finish」をクリックして、右画面のTags FiredにUAの場合は「ContactForm7 仮想ページビューの計測(UA)」、GA4の場合は、「ContactForm7 仮想ページビューの計測(GA4)」タグが表示されていることを確認して、タグをクリックしてください。

図6-3-14 **Tag Assistantのタグ一覧 (form_finish)**

6. 画面右上「Display Variables as」で「Values」を選択して、タグに表示されているデータが下記のとおり取得できているか確認してください。

■ ContactForm7 仮想ページビューの計測(UA)
設定フィールド：fieldName: "page", value: "/contact/form_finish/"
設定フィールド：fieldName: "title", value: "送信完了 - お問い合わせ | Lightning × ExUnit 日本語デモ"

{fieldName: "page", value: "/contact/form_finish/"},

fieldName: "title",
value: "送信完了 - お問い合わせ | Lightning × ExUnit 日本語デモ"

図6-3-15　**Tag Assistantのタグ画面(UAの場合)**

■ContactForm7 仮想ページビューの計測(GA4)

イベント名："page_view"
イベントパラメータ：
name: "page_location"
value: "http://www.waca.world/contact/form_finish/"
name: "page_title"
value: "送信完了 - お問い合わせ | Lightning × ExUnit 日本語デモ"

図6-3-16　**Tag Assistantのタグ画面（GA4の場合）**

　今回はお問い合わせページのみで検証しましたが、採用情報ページにもフォームがあるので、興味がある方はそちらも検証してみてください。

　すべての値が確認できれば、GTMを公開して設定完了です。

6-4

精読ページビューの計測

ページがどれだけよく読まれているかを知るための指標として、「ページ滞在時間」や「スクロール率」などが代表的な指標として挙げられます。ただ、次の事例を少し考えてみてください。

- ページの一番上から下までスクロールしているが、高速スクロールしただけで滞在時間は数秒ほどである
- ページの滞在時間は15分だが、ページを開けたままスクロールすることもなく、ほかの作業をしている

このような事例では、ページ滞在時間やスクロール率のどちらかは良い値になるかもしれませんが、よく「読まれているか」と問われると必ずしもそうではありません。そこで、「よく読まれている」の定義に絶対的な正解はありませんが、仮に「スクロールされていてかつ滞在時間が長い」と定義した場合に次の事例を考えてみてください。

- ブログ記事は100文字程度だが、ページ内に関連記事の紹介やバナーなどの本文とは関係ない要素がかなり多くページが縦長になっているため、下までスクロールされない
- よく読まれるページ滞在時間を3分とした場合、100文字の記事は読むのに3分もかからないため、よく読まれていないことになる

このように条件を2つ掛け合わせても、なかなか思い通りにはいきません。そこで次のように定義をもう少し変えてみましょう。

- 条件1
余計な要素をできるだけ除外したページのメインコンテンツ（ブログ記事の場合はブログの本文部分）を画面に100％表示する

- 条件2
メインコンテンツの文字数をカウントして、文字の量によって規定の滞在時間をページごとに設定して、ページ滞在時間が規定の滞在時間を超える

この２つの条件を両方とも満たした場合に、「よく読まれた」と定義します。本項ではこれらの条件を満たした場合に「精読ページビュー数」としてカウントする方法を紹介します。

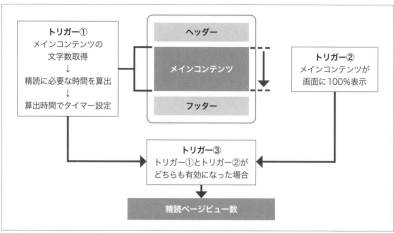

図6-4-1　**精読ページビュー数の概要**

精読の対象とするコンテンツの確認

1. デモ環境の「お知らせ」の中から「ゴールデンウィークの営業について(/golden-week-2017/)」のページにアクセスします。

図6-4-2　**デモ環境の投稿記事**

2. 記事本文の最初の行「5月は1日〜5日まで…」をドラッグして、水色のハイライト部分を右クリックして「検証（※Google Chromeの場合）」を選択します。

図6-4-3　**Google Chromeの検証**

3. ブラウザの下部に検証画面が表示されます。先ほどの記事本文の最初の行が水色のハイライトで表示されているので、1行上に記載されている「<div class="entry-body">」をクリックしてください。

図6-4-4　**記事冒頭付近のコード部分**

4.「<div class="entry-body">」をクリックするとページのコンテンツ部分が水色のハイライトで表示されていることがわかります。

　今回は、「ページのコンテンツ本体をどれだけ精読したか」を計測したいので、メニューやフッター部分などは極力除外しています。「entry-body」内には著者プロフィールやSNSボタンなども含まれているため、理想を言えば除外したいのですが、今回は含めたままで進めます。Class名である「entry-body」は後に利用するので、メモ帳などに控えておいてください。

図6-4-5　entry-bodyのエリア表示

カスタム指標の設定

UAのカスタム指標

1. UAの左メニュー「管理」から中央のプロパティ列の「カスタム定義」をクリックして、「カスタム指標」をクリックしてください。

図6-4-6　UAの管理画面

2.「+新規カスタム指標」ボタンをクリックしてください。

図6-4-7　新しいカスタム指標の追加

3.「カスタム指標を追加」の画面で下記の通り入力して、「作成」ボタンをクリックしてください。

名前：精読ページビュー数
範囲：ヒット
フォーマットタイプ：整数
アクティブ：チェックを入れる

図6-4-8　カスタム指標の設定

4.「作成したカスタム指標」の画面が表示されるので、「完了」ボタンをクリックしてください。

作成したカスタム指標

この指標のサンプル コード

お使いのプラットフォーム用のコード スニペットをコピーします。必ず metricValue を独自のものに置き換えてく

JavaScript（gtag.js）
gtag.js を使ってカスタム指標を設定する手順については、gtag.js についてのデベロッパー向けドキュメントをご覧

JavaScript（ユニバーサル アナリティクスのプロパティでのみ有効）
```
var metricValue = '123';
ga('set', 'metric1', metricValue);
```

Android SDK
```
String metricValue = SOME_METRIC_VALUE_SUCH_AS_123_AS_STRING;
tracker.set(Fields.customMetric(1), metricValue);
```

iOS SDK
```
NSString *metricValue = SOME_METRIC_VALUE_SUCH_AS_123_AS_STRING;
[tracker set:[GAIFields customMetricForIndex:1] value:metricValue];
```

完了

図6-4-9　**「作成したカスタム指標」の画面**

5. カスタム指標の追加が完了すると、カスタム指標の一覧が、表形式で表示されます。「精読ページビュー数」の「インデックス」に記載されている数字は後ほど利用するので、メモ帳などに控えておいてください。

＋新規カスタム指標			Q 検索
カスタム指標名	インデックス ↓	範囲	フォーマット タイプ
精読ページビュー数	1	ヒット	整数

19 個のカスタム指標が残っています

図6-4-10　**カスタム指標の一覧表**

GA4のカスタム指標

1. GA4の左メニュー「設定」のサブメニュー「カスタム定義」をクリックして、「カスタム指標」のタブをクリックしてください。画面が切り替わるので、「カスタム指標を作成」ボタンをクリックしてください。

図6-4-11　**GA4の管理画面**

2. 「新しいカスタム指標」の画面で次のとおり入力して、「保存」ボタンをクリックしてください。

指標名：精読ページビュー数
範囲：イベント
説明：精読（コンテンツ100% & 規定の滞在時間）したページビュー数
イベントパラメータ：intensive_page_view_value
測定単位：標準

図6-4-12　**カスタム指標の設定**

GTMの変数設定

精読用タイマー

　GTMの左メニュー「変数」からユーザー定義変数を新規で作成します。先ほど
Google Chromeの検証画面で控えておいたClass名「entry-body」内の文字数
を元にして「精読したと見なすページ滞在時間」を算出する設定をしています。

■精読用タイマー
変数のタイプ：カスタムJavaScript
カスタムJavaScript：※下記のコードを記載

```javascript
function() {

    var className = "entry-body";
    var readTime = 1200 / 60000;
    var mainText = document.getElementsByClassName(className)[0].textContent;
    var countText = mainText.length;
    var intensiveTime = countText / readTime;

    return(intensiveTime);

}
```

図6-4-13　**精読用タイマーの変数**

コードの内容を簡単に説明します。

■ var className = "entry-body";
文字数をカウントしたいエリアのClass名「entry-body」を指定しています。

■ var readTime = 1200 / 60000;
1分間に1200文字のペースで読めば、「精読した」と見なす条件に指定しています。
一般的に1分間で読まれる文字数は400～600文字など諸説ありますが、今回設定している「1200文字」は統計的根拠に基づいた値ではなく、紙媒体よりウェブ媒体の方が読むスピードが速いと推測される点や、コンテンツの中に文章以外の余計な要素(著者プロフィールやSNSボタンなど)が含まれている点を考慮して、速めのスピードに設定しています。先述のとおり根拠はないため、「1200」の値は自由に変更してください。

■ var mainText = document.getElementsByClassName(className)[0].textContent;
「className」に格納されている「entry-body」のエリア内からテキストのみを抽出します。ただ、テキストのみといっても、ブログの記事本文の文字だけ以外の若干余計なものは含まれています。

■ var countText = mainText.length;
「mainText」に格納されたテキストの長さ(文字数)をカウントします。

■ var intensiveTime = countText / readTime;
「countText」を「readTime」で割ることで、「ページを精読した」と見なす時間を算出します。

■ return(intensiveTime);
「intensiveTime」に格納されている時間を返します。

GTMのトリガー設定

精読用タイマーのトリガー

GTMの左メニュー「トリガー」からトリガーを新規で作成します。先ほど算出した「精読用タイマー」の時間を超えてページに滞在していた場合に有効になるように設定をします。

■精読用タイマーのトリガー
トリガーのタイプ：タイマー
イベント名：gtm.timer
間隔：{{精読用タイマー}}
制限：1
条件設定：Page Path　正規表現に一致　.*
このトリガーの発生場所：すべてのタイマー

図6-4-14　**精読用タイマーの変数**

「タイマー」のトリガーの設定について簡単に説明します。

■イベント名

通常の時間を計測する場合は、デフォルトの「gtm.timer」で問題ありません。

■間隔

例えば、60秒経過した時にトリガーを有効にする場合は、ミリ秒単位で「60000」と入力します。今回は事前に作成した「精読用タイマー」変数の時間（コンテンツの文字量を1200文字/分で読んだ場合の精読時間）で設定しています。

■制限

前述の「間隔」の時間を満たした場合に、最大何回までトリガーを発火させるかを設定します。空白にした場合は上限なしで何回も繰り返し発火するようになり、10と入力した場合は最大10まで繰り返し発火します。今回は1度だけ発火すれば良いので1と入力しています。

■条件設定

「精読用タイマー」変数が「undefined（未定義）」ではない場合に、トリガーを有効にする条件に設定しています。「精読用タイマー」変数はClass「entry-body」がページ内に存在しない場合は「undefined」となるため、「entry-body」がページ内に存在する場合にのみトリガーが有効になります。

精読用画面表示のトリガー

GTMの左メニュー「トリガー」からトリガーを新規で作成します。「entry-body」のエリア内を上から下まで100％画面に表示した場合に有効になるように設定します。

■精読用画面表示のトリガー

トリガーのタイプ：要素の表示
選択方法：CSSセレクタ
要素セレクタ：.entry-body
このトリガーを起動するタイミング：1ページにつき1度
視認の最小割合：100
このトリガーの発生場所：すべての表示イベント

図6-4-15　**精読用画面表示のトリガー**

「要素の表示」のトリガーの設定について簡単に説明します。

■選択方法
IDとCSSセレクタがありますが、今回はClassで指定するのでCSSセレクタを選択しています。

■要素セレクタ
表示対象となるエリアが「entry-body」エリアとなるように設定しています。Class名を入れる場合は先頭に「.(ドット)」を入れるのを忘れないようにしてください。

■このトリガーを起動するタイミング
今回は1ページ内でトリガーを1度しか有効にする必要はないため、「1ページにつき1度」に設定しています。

■視認の最小割合
Class「entry-body」のエリアが100%表示された場合にトリガーが発火するように設定しています。

精読ページビュー数のトリガー

GTMの左メニュー「トリガー」からトリガーを新規で作成します。先ほど作成した「精読用タイマーのトリガー」と「精読用画面表示のトリガー」の2つのトリガーが両方とも発火した場合に発火するトリガーを設定するために「トリガーグループ」と呼ばれるトリガーを利用します。

■精読ページビュー数のトリガー

トリガーのタイプ：トリガーグループ
Triggers：「精読用タイマーのトリガー」「精読用画面表示のトリガー」
このトリガーの発生場所：すべての条件

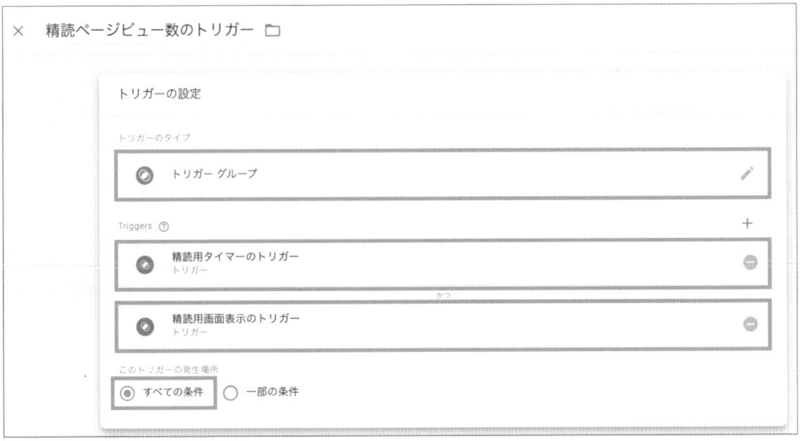

図6-4-16 **精読ページビュー数のトリガー**

GTMのタグ設定

精読ページビュー数のタグ設定（UA）

GTMの左メニュー「タグ」から新しいタグを作成します。

■精読ページビュー数の計測（UA）

タグの種類：Googleアナリティクス：ユニバーサルアナリティクス
トラッキングタイプ：イベント

カテゴリ：精読ページビュー数

アクション：intensive_page_view

ラベル：{{Page Path}}

非インタラクションヒット：偽　※Appendix（378ページ）参照

Googleアナリティクス設定：{{Googleアナリティクス（UA）設定}}

※Chapter 5（119ページ）参照

このタグでオーバーライド設定を有効にする：チェックを入れる

カスタム指標：インデックス1 / 指標の値1

トリガー：精読ページビュー数のトリガー

図6-4-17　**精読ページビュー数のタグ**

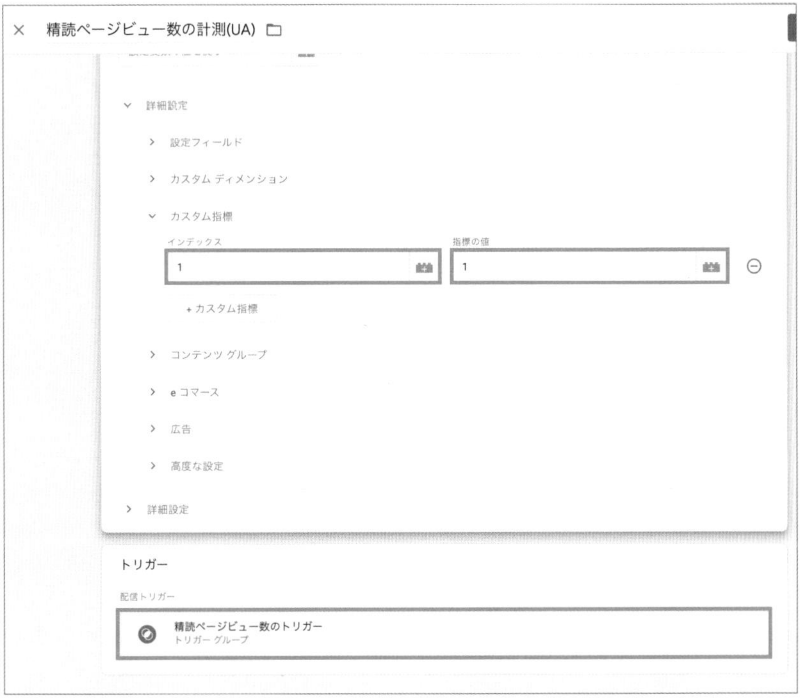

図6-4-18　**精読ページビュー数のタグ**

精読ページビュー数のタグ設定（GA4）

GTMの左メニュー「タグ」からタグを新規で作成します。

■精読ページビュー数の計測(GA4)

タグの種類：Googleアナリティクス:GA4イベント
設定タグ：Googleアナリティクスの導入(GA4)　※Chapter 5（122ページ）参照
イベント名：intensive_page_view
イベントパラメータ：パラメータ名 intensive_page_view_value / 値 1
トリガー：精読ページビュー数のトリガー

図6-4-19　**精読ページビュー数のタグ**

プレビューによる検証

1. GTMの「プレビュー」を実行して、トップページにアクセスした後に、Tag Assistantの画面に移って40秒ほど何もせずに待機してください。トップページの精読時間が経過すると、Summary欄に「Timer」の行が追加で表示されます。

図6-4-20　**Timerイベントの確認**

2. トップページの画面に戻って、ページを上から下までスクロールした後に、Tag
Assistantの Summary 欄を確認してください。スクロールによって「entry-body」
が100%表示されたため、「Element Visibility」の行が追加されます。また、精読
の時間と100%表示の両方を満たすため、「Element Visibility」の直後に「Trigger
Group」の行が追加されています。「Trigger Group」をクリックして、右画面の
Tags Firedに「精読ページビュー数の計測」タグが表示されているのを確認して、
タグをクリックしてください。

図6-4-21　**Trigger Group で発火したタグの確認**

3. 画面右上「Display Variables as」で「Values」を選択して、タグに表示され
ているデータが次のとおり取得できているか確認してください。

■精読ページビュー数の計測 (UA)
カテゴリ：" 精読ページビュー数 "
カスタム指標：index: "1", metric: "1"
アクション："intensive_page_view"
ラベル："/"

Tag Details

Display Variables as ○ Names ● Values

Properties

Name	Value
Type	Google アナリティクス: ユニバーサル アナリティクス
Firing Status	Succeeded
非インタラクション ヒット	true
このタグでオーバーライド設定を有効にする	true
カテゴリ	"精読ページビュー数"
トラッキング タイプ	"TRACK_EVENT"
カスタム指標	[{index: "1", metric: "1"}]

Google アナリティクス設定	{
	doubleClick: false,
	setTrackerName: false,
	useDebugVersion: false,
	useHashAutoLink: false,
	decorateFormsAutoLink: false,
	enableLinkId: false,
	enableEcommerce: false,
	trackingId: "UA-214854324-1",
	fieldsToSet: [{fieldName: "cookieDomain", value: "auto"}]
	}

アクション	"intensive_page_view"
ラベル	"/"

Show Less

図6-4-22 **Tag Assistantのタグ画面 (UAの場合)**

■精読ページビュー数の計測 (GA4)
イベント名："intensive_page_view"
イベントパラメータ：
name: "intensive_page_view_value"
value: "1"

Tag Details

Display Variables as ○ Names ● Values

Properties

Name	Value
Type	Google アナリティクス: GA4 イベント
Firing Status	Succeeded
イベント名	"intensive_page_view"
イベント パラメータ	[{name: "intensive_page_view_value", value: "1"}]
設定タグ	"G-CPVFV8JQZY"

図6-4-23 **Tag Assistantのタグ画面 (GA4の場合)**

すべての値が確認できれば、GTMを公開して設定完了です。

6-5

ブログの執筆者名・カテゴリー名の計測

メディアサイトや自社サイトで、ブログ記事のような日々更新される投稿コンテンツがある場合に、記事の執筆者ごとに反応の違いを比較して分析をする場合があります。例えば、AさんとBさんが記事の執筆者だった場合、「Aさんの書いた記事は直帰率が低く滞在時間も長い」、「Bさんの記事は平均ページビュー数が少ない」などの分析が挙げられます。また、執筆者の分析だけではなく、「お知らせ」などの記事のカテゴリーごとに分析するケースもあります。

GAでは、ページごとにさまざまな指標で分析できますが、分析画面上で「どの記事を誰が書いたか、どのカテゴリーが読まれているか」を知りたい場合は、一つひとつのページにアクセスして確認する必要があるため、非常に手間がかかります。

今回は、執筆者名・カテゴリー名をGTMで取得して、GAのカスタムディメンションに格納する方法を紹介します。この設定をマスターすれば、ブログ記事の公開日や更新日、タグの計測設定などにも応用できるので、ぜひマスターしてください。

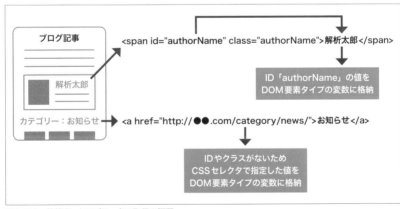

図6-5-1　執筆者・カテゴリー名の取得の概要

執筆者名の確認

1. デモ環境の「更新情報(/information/)」の中から「ゴールデンウィークの営業について(/golden-week-2017/)」のページにアクセスします。

図6-5-2　デモ環境の投稿記事

2. ページの下部の「投稿者プロフィール」内に記載されている執筆者名(kaiseki taro)の上で右クリックして「検証※」を選択します。

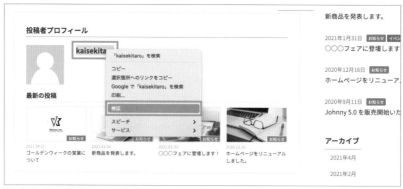

図6-5-3　Google Chromeの検証

....

※1　検証：ブラウザによって名称が異なります。「検証」はGoogle Chromeの場合の名称です。

3. ブラウザの下部に検証画面が表示されます。

図6-5-4　執筆者名のコード部分

　下記のコード部分が水色のハイライトで表示されていて、この部分が執筆者名の
コードに該当することを表しています。

```
<span id="authorName" class="authorName">kaisekitaro</span>
```

　この「id=」の後に記載されている「authorName」が、このコード部分の「ID」
と呼ばれるものです。ほかによく使わるものとして「Class」があり、上記のコード
では「class=」の後に記載されているものが該当します。このコードではIDも
Classも同じ「authorName」となっています。この「authorName」という部分
は後で使うのでメモ帳などに控えておいてください。

　IDとClassは、ウェブサイトを構成するHTML/CSSで利用されるもので、サイ
ト内の特定の部分の書式やレイアウトなどを指定する時によく用いられます。IDと
Classの大きな違いは、IDは同じページの中で原則1度しか用いられないのに対し
て、Classは同じページの中で複数回利用する場合に用いられます。例えば、執筆
者情報のエリアはページの中で1つしか表示されないのでIDで指定しますが、テキ
スト本文を太字や赤い色に装飾したい場合は、同じページで何度も利用される場合
が多いため、Classで指定することが多い。

カテゴリー名の確認

　カテゴリーも著者名と設定方法そのものは大きく変わりませんが、大きな違いとしては、1つの記事に対して複数のカテゴリーに関連付けられている場合がある点が挙げられます。理想を言えば、1つの記事に1つのカテゴリーとなるように設定して、細かい分類をしたい場合はタグで分類するのが望ましいです。ただ、すでに運用されているウェブサイトでカテゴリーの構造や運用を変更すると、ページパスが変わって悪影響が出る場合がありますので、急に変更することは難しいケースが多い。

　今回は設定が複雑になるため、1つの記事に対して1つのカテゴリーのみを取得する設定を紹介していますが、複数カテゴリーをカスタムディメンションで取得する場合は、「お知らせ、イベント」のように複数のカテゴリーを1つとして格納するか、「1番目のカテゴリー」・「2番値のカテゴリー」のように、同時に関連付けられるカテゴリーの想定最大数の数だけカスタムディメンション作成する方法や、カスタムディメンションではなくイベント計測で取得する方法などが挙げられます。いずれの方法も分析する時に手間がかかるものが多いため、どの手間を選ぶかは分析者によって好みが分かれます。今回紹介する設定をマスターすれば、いずれの方法も設定できる糸口は掴めるので、興味のある方はチャレンジしてみてください。

1. 著者名と同様に、デモ環境の「更新情報(/information/)」の中から「ゴールデンウィークの営業について(/golden-week-2017/)」のページにアクセスします。
　ページの下部の「関連記事」の下に記載されている「お知らせ」の上で右クリックして「検証※」を選択します。

図6-5-5　Google Chromeの検証

※1　**検証：**ブラウザによって名称が異なります。「検証」はGoogle Chromeの場合の名称です。

2. ブラウザの下部に検証画面が表示されます。

図6-5-6　**お知らせのコード部分**

　次のコード部分が水色のハイライトで表示されていて、この部分が記事のカテゴリー名である「お知らせ」のコードに該当します。

```
<a href="http://www.waca.world/category/%e3%81%8a%e7%9f%a5%e3%82%89%e3%81
%9b/">お知らせ</a>
```

　執筆者名の時はIDを使って取得しましたが、カテゴリー名のコードではIDやClassが記載されていません。IDとClassがない場合は、ハイライトのコード部分の上で右クリックをして、「コピー」から「selectorをコピー」を選択してください。

図6-5-7　**「お知らせ」のselectorをコピー**

実際にselectorでコピーした内容をメモ帳やテキストエディターにペーストすると次のとおりです。

```
#post-620 > div.entry-footer > div > dl > dd > a
```

　HTMLでは<div>や<a>といったタグで、テキストなどを挟み込んで記述していきます。並列にタグを並べて記載する場合もあれば、タグの中にタグを入れる階層構造のように記載する場合もあります。このselectorの機能を利用することで、指定した部分の位置関係（構造関係）を取得できます。

　このselectorを要約すると、「お知らせ」のカテゴリー名の部分が、
「post-620というIDの中の、<div class="entry-footer">の中の、<div>の中の、
<dl>の中の、<dd>の中の<a>」
という位置にあることがわかります。

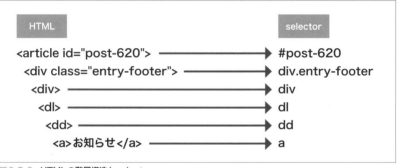

図6-5-8　**HTMLの階層構造とselector**

　ただ、このselectorには修正を加えないといけない箇所があります。それは冒頭の「#post-620」です。この「#post-620」のように先頭に「#」がついているものはID名を表しますが、これが意味するところは「ゴールデンウィークのお知らせのページそのもの」を表す記事ページのIDになります。そのため、ほかのお知らせページでカテゴリー名のselectorをコピーすると「#post-●●●」が異なる数字になってしまいます。

　このselectorをこのまま使用すると、この記事だけでしか機能しないため、「#post-620」の部分を削除して次のとおりに修正します。

```
div.entry-footer > div > dl > dd > a
```

この修正したコードをメモ帳などに控えておいてください。

カスタムディメンションの設定

UAのカスタムディメンション

1. UAの左メニュー「管理」から中央のプロパティ列の「カスタム定義」をクリックして、「カスタムディメンション」をクリックしてください。

図6-5-9　**UAの管理画面**

2.「+新しいカスタムディメンション」ボタンをクリックしてください。

図6-5-10　**新しいカスタムディメンションの追加**

3.「カスタムディメンションを追加」の画面で次のとおり入力して、「作成」ボタンをクリックしてください。

名前：記事執筆者
範囲：ヒット
アクティブ：チェックを入れる

カスタム ディメンションを追加

名前

記事執筆者

範囲

ヒット ▾

アクティブ

☑

作成　　キャンセル

図6-5-11　**記事執筆者のカスタムディメンション設定**

4.「作成したカスタムディメンション」の画面が表示されるので、「完了」ボタンをクリックしてください。

作成したカスタム ディメンション

このディメンションのサンプル コード

お使いのプラットフォーム用のコード スニペットをコピーします。必ず dimensionValue を独自のものに置き換えてください。

JavaScript（gtag.js）
gtag.js を使ってカスタム ディメンションを設定する手順については、gtag.js についてのデベロッパー向けドキュメントをご参照

JavaScript（ユニバーサル アナリティクスのプロパティでのみ有効）

```
var dimensionValue = 'SOME_DIMENSION_VALUE';
ga('set', 'dimension1', dimensionValue);
```

Android SDK

```
String dimensionValue = "SOME_DIMENSION_VALUE";
tracker.set(Fields.customDimension(1), dimensionValue);
```

iOS SDK

```
NSString *dimensionValue = @"SOME_DIMENSION_VALUE";
[tracker set:[GAIFields customDimensionForIndex:1] value:dimensionValue];
```

完了

図6-5-12　**「作成したカスタムディメンション」の画面**

5. 次に、ステップ02〜04と同じ手順で、今度は記事カテゴリー用のカスタムディメンションを作成します。カスタムディメンションを新規で追加して次のとおりに設定してください。

名前：記事カテゴリー
範囲：ヒット
アクティブ：チェックを入れる

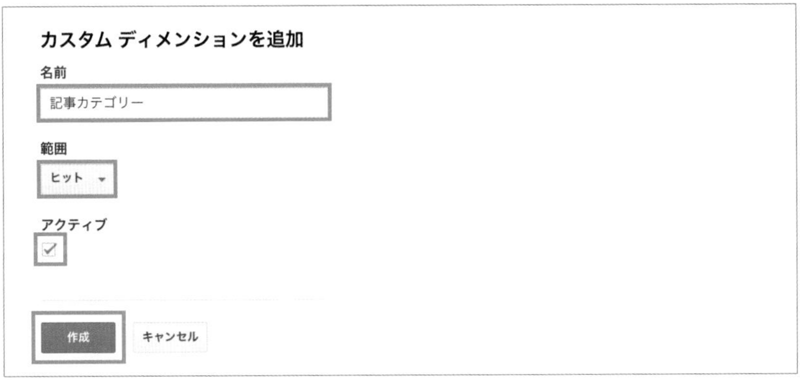

カスタム ディメンションを追加

名前

記事カテゴリー

範囲

ヒット ▼

アクティブ

✓

作成 キャンセル

図6-5-13 **記事カテゴリーのカスタムディメンション設定**

6. カスタムディメンションの追加が完了すると、カスタムディメンションの一覧が、表形式で表示されます。「記事執筆者」および「記事カテゴリー」のそれぞれの「インデックス」に記載されている数字を後ほど利用するので、カスタムディメンション名とインデックスの値をセットで控えておいてください。

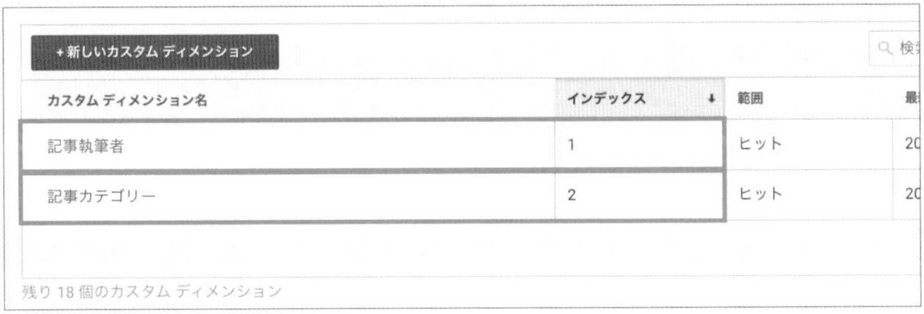

カスタム ディメンション名	インデックス ↓	範囲	最
記事執筆者	1	ヒット	20
記事カテゴリー	2	ヒット	20

+ 新しいカスタム ディメンション　　🔍 検索

残り 18 個のカスタム ディメンション

図6-5-14 **カスタムディメンションの一覧表**

GA4のカスタムディメンション

1. GA4の左メニュー「設定」のサブメニュー「カスタム定義」をクリックして、「カスタムディメンションを作成」をクリックしてください。

図6-5-15　**GA4の管理画面**

2. 「新しいカスタムディメンション」の画面で下記の通り入力して、「保存」ボタンをクリックしてください。

名前：記事執筆者
範囲：イベント
説明：投稿記事の執筆者名
イベントパラメータ：author

図6-5-16　**記事執筆者のカスタムディメンション設定**

3. 次に、ステップ01〜02と同じ手順で、今度は記事カテゴリー用のカスタムディメンションを作成します。カスタムディメンションを新規で追加して次のとおりに設定してください。

名前：記事カテゴリー
範囲：イベント
説明：投稿記事のカテゴリー名
イベントパラメータ：blog_category

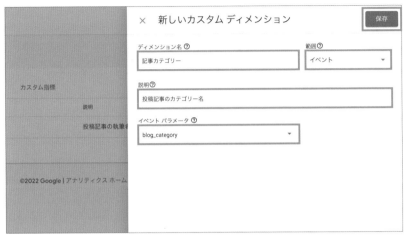

図6-5-17　記事カテゴリーのカスタムディメンション設定

GTMの変数設定

記事執筆者の変数

　GTMの左メニュー「変数」からユーザー定義変数を新規で作成します。先ほど
Google Chromeの検証画面で控えておいたID名「authorName」はここで使用
します。執筆者名が記載されている要素のIDが「authorName」なので、次のと
おり指定することで、変数内に執筆者名を格納できます。

■記事執筆者
変数のタイプ：DOM要素
選択方法：ID
要素ID：authorName

図6-5-18　**記事執筆者の変数**

記事カテゴリーの変数

　GTMの左メニュー「変数」からユーザー定義変数を新規で作成します。著者名と同様に、先ほどGoogle Chromeの検証画面で控えておいたselectorをここで使用します。

■記事カテゴリー
変数のタイプ：DOM要素
選択方法：CSSセレクタ
要素ID：div.entry-footer > div > dl > dd > a

図6-5-19　**記事カテゴリーの変数**

Googleアナリティクス変数(UAのみ)

　GTMの左メニュー「変数」から既存のGooglaアナリティクス変数を編集します。ここでは、記事執筆者と記事カテゴリーの値を、カスタムディメンションに送信する設定を追加します。この設定はユニバーサルアナリティクスタグでも可能ですが、今回は記事執筆者と記事カテゴリーは全ページで計測する点や、前節で紹介した精読ページビュー数との紐付けを考慮して、設定をシンプルにするためにGoogleアナリティクス変数で設定しています。

　仮にこの設定をユニバーサルアナリティクスタグで設定した場合は、前節の精読ページビュー数を送信するタグの設定内でも、記事執筆者と記事カテゴリーのカスタムディメンションを追加しなければ、「Aさんの執筆した記事の精読ペービジュー数」を知りたい場合などに紐付けができず、データを分析ができなくなります。

■Googleアナリティクス(UA)設定　※Chapter 5(119ページ)参照
カスタムディメンション：インデックス1 / ディメンションの値 {{記事執筆者}}
カスタムディメンション：インデックス2 / ディメンションの値 {{記事カテゴリー}}

図6-5-20　**Google**アナリティクス設定変数の編集

GTMのタグ設定

UAはGoogleアナリティクス設定変数で設定が完了しているため、新規でタグを作成する必要はありません。

サイト全体のタグ設定 (GA4)

1. GTMの左メニュー「タグ」からウェブサイト全体を計測しているGA4設定タグを編集して、下記の設定を追加してください。GA4では標準で用意されているイベントに「page_view」があり、その中に「page_location（ページURL）」や「page_title（ページタイトル）」などのイベントパラメータが含まれています。この「page_view」イベントに追加で独自のパラメータを追加する場合は、設定フィールドを利用します。

■Googleアナリティクスの導入 (GA4)　※Chapter 5（122ページ）参照
この設定が読み込まれるときにページビューイベントを送信する：チェックを入れる
設定フィールド：
（フィールド名）author /（値）{{記事執筆者}}
（フィールド名）blog_category /（値）{{記事カテゴリー}}

図6-5-21　**サイト全体の計測タグの編集 (GA4)**

プレビューによる検証

1. GTMの「プレビュー」を実行して、デモ環境の「更新情報(/information/)」の中から「ゴールデンウィークの営業について(/golden-week-2017/)」のページにアクセスします。

図6-5-22 **デモ環境の投稿記事**

2. GTMの「プレビュー」を実行して、Tag AssistantのSummary欄から「Container Loaded」をクリックしてください。編集したサイト全体の計測タグが記載されているかを確認して、1つずつクリックしてタグの送信内容を確認していきます。

図6-5-23 **Tag Assistantの画面**

3. 画面右上「Display Variables as」で「Values」を選択して、タグに表示されているデータが下記のとおり取得できているか確認してください。

■Googleアナリティクス(UA)全PV計測
Googleアナリティクス設定内のdimension:
index: "1", dimension: "kaisekitaro"　※記事執筆者の名前
index: "2", dimension: "お知らせ"

図6-5-24　**サイト全体の計測タグ(UA)**

■Googleアナリティクスの導入(GA4)
設定フィールド:"page_view"イベントパラメータ:
name: "author", value: "kaisekitaro"　※記事執筆者の名前
name: "blog_category", value: "お知らせ"

図6-5-25　**サイト全体の計測タグ(GA4)**

すべての値が確認できれば、GTMを公開して設定完了です。

補足

　今回の設定では、ユーザーがブログ記事を閲覧した場合に、執筆者名とカテゴリー名がカスタムディメンションに送信される方法を紹介しました。ただ、ユーザーがブログ記事以外のページを閲覧した場合、執筆者とカテゴリー名は「null」という文字列がカスタムディメンションに送信されます。「null」は本来、「空っぽ」を表すため何も入っていない状態を表すのですが、今回の場合は「null」という文字がそのまま格納されるため、実際には空っぽではありません。GAで分析する場合は「null」をフィルタで取り除けば問題ありませんが、「null」という文字そのものをGAに送信したくない場合は、下記の設定で回避できます。

1. GTMの左メニュー「変数」からユーザー定義変数を新規で作成します。この「未定義値」は「undefined」という状態（文字列ではない）を返す変数です。変数が「undefined」であるということは、「その変数が定義されていない＝その変数がない」ことを表します。

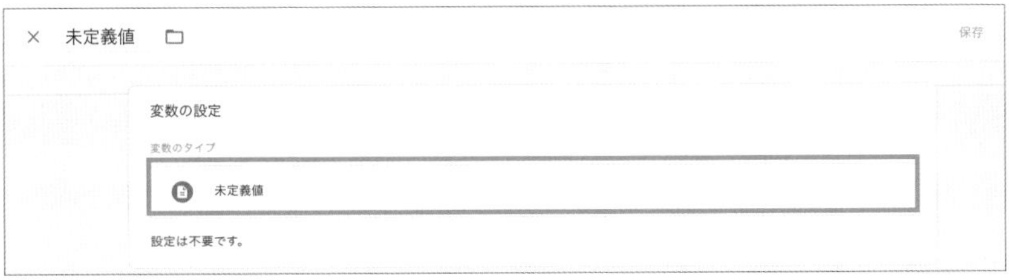

図6-5-26　**未定義値の変数**

2. GTMの左メニュー「変数」からユーザー定義変数を新規で作成します。ルックアップテーブル変数で、変数の初期値を執筆者やカテゴリーに設定しておいて、「null」の文字列だった場合のみ「undefined」の状態になるように設定します。

■ルックアップ_記事執筆者
変数のタイプ：ルックアップテーブル
変数を入力：{{記事執筆者}}
ルックアップテーブル：（入力）null　　　／　　　（出力）{{未定義値}}
デフォルト値を設定：チェックを入れる
デフォルト値：{{記事執筆者}}

図6-5-27　ルックアップテーブル変数(記事執筆者)

■ルックアップ_記事カテゴリー

変数のタイプ：ルックアップテーブル

変数を入力：{{記事カテゴリー}}

ルックアップテーブル：(入力) null　　　/　　　　(出力) {{未定義値}}

デフォルト値を設定：チェックを入れる

デフォルト値：{{記事カテゴリー}}

図6-5-28　ルックアップテーブル変数(記事カテゴリー)

3. UAの場合は、GTMの左メニュー「変数」から既存のGoogleアナリティクス設定変数を、GA4の場合は左メニュー「タグ」から、ウェブサイト全体を計測しているタグを編集して、次の設定を追加してください。ルックアップテーブル変数で「null」の文字列を「undefined」に変換しているため、「null」の場合はカスタムディメンションに送信されなくなります。

■Googleアナリティクス(UA)設定
カスタムディメンション：インデックス 1 / ディメンションの値 {{ルックアップ_記事執筆者}}
カスタムディメンション：インデックス 2 / ディメンションの値 {{ルックアップ_記事カテゴリー}}

図6-5-29　**Googleアナリティクス設定変数(UA)**

■Googleアナリティクスの導入 (GA4)
この設定が読み込まれるときにページビューイベントを送信する：チェックを入れる
設定フィールド：
（フィールド名）author /（値）{{ ルックアップ_記事執筆者 }}
（フィールド名）blog_category /（値）{{ ルックアップ_記事カテゴリー }}

図6-5-30　**サイト全体の計測タグ (GA4)**

　　ただ、「null」を消すことでデータの見栄えはスッキリするのですが、ほかの設定によるミスや不具合が起きて、データの一部が送信されていない状態になった場合を考えると、「null」があった方が便利な場合もあります。どちらの設定をするべきか、それぞれの環境によって変わりますので、好みに合わせて設定してください。

　　また、今回の設定はウェブサイトの構造の変化によって、selectorの階層関係が変わるとデータを取得できなくなる場合があります。最もリスクが少ない方法としては、ウェブサイトの制作・開発の担当者に依頼して、データレイヤー形式で情報を送信してもらう方法があります。この方法はソースコードに手を加える必要があるため本書では割愛しますが、「そういう手法もある」ということだけ頭の片隅に置いていただければ幸いです。

メニュークリック数の計測

　「ページ内の特定のエリアがどれだけクリックされているか」を分析する代表的な手法にヒートマップツールによる解析が挙げられます。よくクリックされている箇所がサーモグラフィのように寒色から暖色に変化するので、データ分析に詳しくない方でも視覚的に状況を把握できる非常に便利なツールです。今回はヒートマップには及びませんが、それに近い計測方法として、メインメニューの各項目がクリックされた回数を取得する方法を紹介します。

メニューエリアの確認

1. デモ環境のトップページにアクセスして、メニューの「ホーム」の上で右クリックして「検証」を選択してください。

図6-6-1　**ホームの検証**

2.「<a href=～」の行が水色のハイライトで表示されていることを確認してくだ
さい。

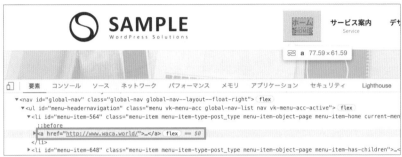

図6-6-2　ホーム部分のソースコード

3.「<a href=～」の3行上にある「<ul id="menu-headernavigation"～」から
始まる行をクリックすると、メニューエリア全体が水色でハイライトされます。ク
リックしたIDである「menu-headernavigation」をメモ帳などに控えておいてく
ださい。

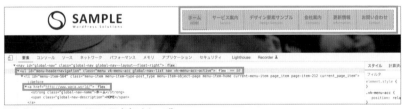

図6-6-3　メニューエリアのID（デスクトップ）

4. 検証画面の左上にある「スマートフォン・タブレットのアイコン」をクリックして
ください。

図6-6-4　デバイスのツールバーを切り替え

5. 画面上部のサイズを「iPhone SE」、倍率表示を「100%」に設定してください。

図6-6-5　**デバイスの表示設定**

6. 画面左上のハンバーガーメニューをクリックしてください。メニューがドロップ
ダウンで表示されるので、「ホーム」の上で右クリックして、「検証」を選択してく
ださい。

図6-6-6　**スマートフォンメニューの検証**

7. 最初にハイライトされている「<a href=〜」行の3行上に「<ul id="menu-headernavigation-1"〜」から始まる行をクリックしてください。ドロップダウンのメニュー全体が水色にハイライトされます。クリックしたIDである「menu-headernavigation-1」をメモ帳などに控えておいてください。

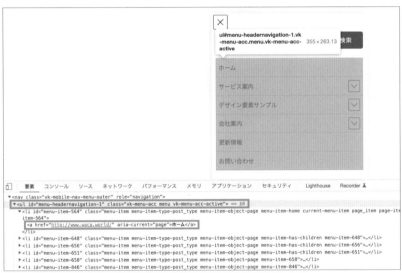

図6-6-7　メニューエリアのID（モバイル）

8. 検証画面の左上にある「スマートフォン・タブレットのアイコン」をクリックして、通常のデスクトップ表示時の状態に戻してください。

図6-6-8　デバイスのツールバーを切り替え

GTMのトリガー設定

メニューのクリック

GTMの左メニュー「トリガー」から新しいトリガーを作成します。指定したID
の中にあるリンクをクリックした場合に有効になる設定をします。「Click
Element」はクリックした要素のHTMLタグやID、Classを含んでいるので、その
中から先ほど検証画面で確認したID（IDは先頭に"#"を付けます）を指定していま
す。ただ、IDの要素のすぐ直下にリンク以外の要素が含まれる場合があるので、「何
でも」を表す「*」を記載しています。これでIDの要素とリンクの間にほかの要素
が含まれている場合もトリガーは有効になります。

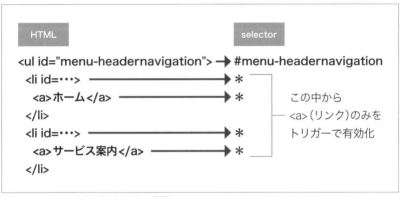

図6-6-9　**メニュークリックのトリガーの概要**

また、今回はデスクトップ表示の場合とモバイル表示（タブレットも同様）の場合
でメニューのClass名が変わるため、「,」で「どちらか一方（OR）」の指定をしてい
ます。

■メニューのクリック
トリガーのタイプ：クリック - リンクのみ
このトリガーの発生場所：一部のリンククリック
条件：
① Click Element
② CSSセレクタに一致する
③ #menu-headernavigation *, #menu-headernavigation-1 *

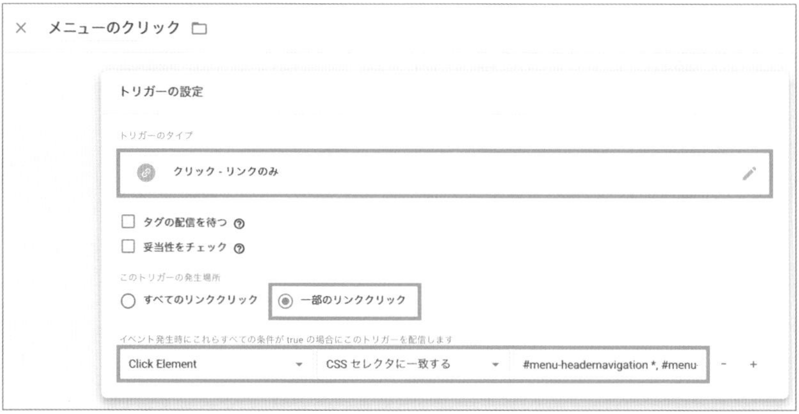

図6-6-10　メニューのクリック

GTMのタグ設定

メニューのクリックの計測 (UA)

　GTMの左メニュー「タグ」から新しいタグを作成します。今回はどのメニューを
クリックしたかをパスで計測するために、[6-1　オリジナル変数の作成]で作成し
た「リンククリックパス」を利用しています。

■メニューのクリックの計測 (UA)
タグの種類：Googleアナリティクス：ユニバーサルアナリティクス
トラッキングタイプ：イベント
カテゴリー：メニュークリック
アクション：{{リンククリックパス}}　※Chapter 6（247ページ）参照
ラベル：{{Page Path}}
非インタラクションヒット：偽　※Appendix（378ページ）参照
Googleアナリティクス設定：{{Googleアナリティクス (UA) 設定}}
※Chapter 5（119ページ）参照
トリガー：メニューのクリック

図6-6-11　メニューのクリック計測のタグ(UA)

トリガー

配信トリガー

メニューのクリック
リンクのみ

図6-6-12　メニューのクリック計測のトリガー

メニューのクリックの計測 (GA4)

　GTMの左メニュー「タグ」から新しいタグを作成します。GA4はUAと違い、パスではなくURL全体を利用することが多いため、アクションに「Click URL」を指定しています。

■メニューのクリックの計測 (GA4)

タグの種類：Googleアナリティクス:GA4イベント
設定タグ：Googleアナリティクスの導入 (GA4)　※Chapter 5 (122ページ) 参照
イベント名：click_area
イベントパラメータ：
(パラメータ名) main_menu / (値) {{Click URL}}
トリガー：メニューのクリック

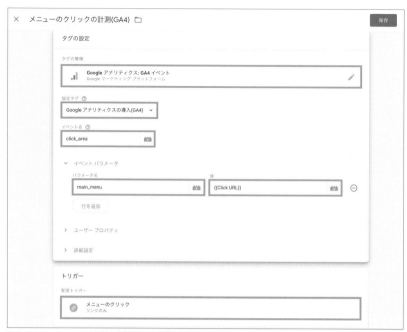

図6-6-13　メニューのクリック計測のタグ (GA4)

プレビューによる検証

1. GTMの「プレビュー」を実行して、トップページにアクセスした後に、メニューの「サービス案内」の中の「よくあるご質問」をクリックしてください。

図6-6-14　よくあるご質問のクリック

2. Tag Assistantの画面の左メニューから、トップページ内の「Link Click」をクリックして、右画面のTags Firedに「メインメニューのクリックの計測」タグが表示されているのを確認して、タグをクリックしてください。

図6-6-15　**Tag Assistantのタグ一覧**

3. 画面右上「Display Variables as」で「Values」を選択して、タグに表示されているデータが次のとおり取得できているかご確認ください。

■メニューのクリックの計測(UA)
カテゴリー："メニュークリック"
アクション："/service/faq/"
ラベル："/"

図6-6-16　**Tag Assistantのタグ画面(UAの場合)**

■メニューのクリックの計測 (GA4)
イベント名："click_area"
イベントパラメータ：
name: "main_menu"
value: "http://www.waca.world/service/faq/"

図6-6-17　**Tag Assistantのタグ画面（GA4の場合）**

4.「よくあるご質問」ページに戻って、検証画面の左上にある「スマートフォン・タブレットのアイコン」をクリックして、スマートフォン表示時の状態に設定してください。

図6-6-18　**デバイスのツールバーを切り替え**

5. 画面左上のハンバーガーメニューをクリックしてください。メニューがドロップダウンで表示されるので、「会社案内」をクリックしてください。

図6-6-19　**会社案内をクリック**

6. Tag Assistantの画面の左メニューから、「よくあるご質問」ページ内の「Link Click」をクリックして、右画面のTags Firedに「メインメニューのクリックの計測」タグが表示されているのを確認して、タグをクリックしてください。

図6-6-20　**Tag Assistantのタグ一覧**

7. 画面右上「Display Variables as」で「Values」を選択して、タグに表示され
ているデータが下記の通り取得できているか確認してください。

■メニューのクリックの計測(UA)タグ
カテゴリー:"メニュークリック"
アクション:"/company/"
ラベル:"/service/faq/"

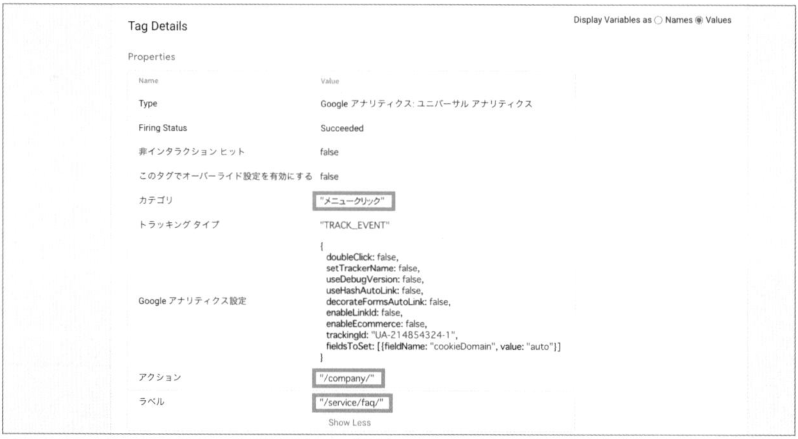

図6-6-21　**Tag Assistantのタグ画面(UAの場合)**

■メニューのクリックの計測(GA4)タグ
イベント名:"click_area"
イベントパラメータ:
name: "main_menu"
value: "http://www.waca.world/company/"

図6-6-22　**Tag Assistantのタグ画面(GA4の場合)**

　すべての値が確認できれば、GTMを公開して設定完了です。

補足

　GA4でメニュークリック数の計測を分析する場合、レポート画面のイベント計測画面では、メニューがクリックされた合計数はわかりますが、各メニューの個別のクリック数がわからないため、カスタムディメンションを作成する必要があります。
※UAは標準のイベントレポートで個別のクリック数を確認できます。

1. GA4の左メニュー「設定」のサブメニュー「カスタム定義」をクリックして、「カスタムディメンションを作成」をクリックしてください。

図6-6-23　**GA4の管理画面**

2. 「新しいカスタムディメンション」の画面で下記の通り入力して、「保存」ボタンをクリックしてください。

名前：メニュークリック
範囲：イベント
説明：メインメニューのクリック
イベントパラメータ：main_menu

× 　新しいカスタム ディメンション　　　　　　　　　　　保存

ディメンション名 ⑦　　　　　　　　　　　　　　　　範囲 ⑦

メニュークリック　　　　　　　　　　　　　　　　　イベント　　▼

説明 ⑦

メインメニューのクリック

イベント パラメータ ⑦

main_menu　　　　　　　　　　　▼

図6-6-24　**メニュークリックのカスタムディメンション設定**

クロスドメイントラッキングの設定

　ウェブサイトをGAで計測する場合は、基本的に1つのウェブサイトに対して、GAのプロパティを1つ作成して設定をします。ただ、関連サイトがあったり、ECサイトのカートやクレジットカード決済などで外部サイトを経由したりする場合など、複数のウェブサイトを1つに統合して計測する必要がある場合もあります。このように、複数のウェブサイト（ドメイン）をまとめて計測することを「クロスドメイントラッキング」と呼びます。

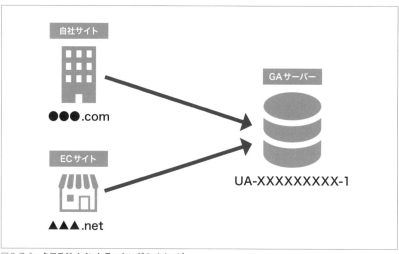

図6-7-1　クロスドメイントラッキングのイメージ

　GA4のクロスドメイントラッキングは、追加で計測したいURLをデータストリームに追加して、基準となるウェブサイトと同じタグを追加するウェブサイトに実装するだけで、UAと比較すると設定は容易です。そのため、今回は少し設定が複雑なUAのクロスドメイントラッキングについて学習してみましょう。

LOCALの設定

1. クロスドメインの設定をするために、デモ環境を複製したサイトを作成します。「LOCAL」の画面で、デモ環境サイトの上で右クリックをして「Clone Site」を選択してください。

図6-7-2 **LOCALでウェブサイトを複製**

2. 複製するウェブサイトのドメインを入力してください(今回は「www.waca.sg」と入力した前提で説明します)。入力後に「CLONE SITE」ボタンをクリックしてください。

図6-7-3 **複製するサイトのドメインを入力**

3. 複製が完了すると、Local Sitesのリストに複製したウェブサイトが表示されます。ただ、Site Domainの欄を確認すると、先ほど入力したドメインが「wwww acasg.local」に変更されているので、「Change」をクリックしてください。

図6-7-4　**Site Domainの確認**

4. 複製したウェブサイトのドメインをもう一度入力して、「CHANGE DOMAIN」ボタンをクリックすれば、ウェブサイトの複製は完了です。Googleタグマネージャーも複製されているので、複製後のWordPressで追加の設定をする必要はありません。

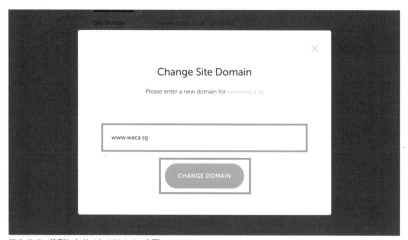

図6-7-5　**複製したサイトのドメイン変更**

Googleアナリティクスの設定

1. GAでクロスドメイン用のUAプロパティを、デモ環境のUAプロパティと同じ内容で作成して、トラッキングIDをメモ帳などに控えておいてください。

図6-7-6 **クロスドメイン用のUAプロパティ作成**

2. クロスドメイン用プロパティのビューの設定から「フィルタ」を選択してください。

図6-7-7 **ビューのフィルタ設定**

3.「+フィルタを追加」ボタンをクリックしてください。

図6-7-8 **フィルタの追加**

4. フィルタの追加画面で下記の通り入力・設定をして「保存」ボタンをクリックしてください。

フィルタ名：ドメイン追加
フィルタの種類：カスタム(「詳細」を選択)
フィールド A → 引用 A：ホスト名 (.*)
フィールド B → 引用 B：リクエストURI (.*)
出力先 → 構成：リクエストURI \$A1\$B1

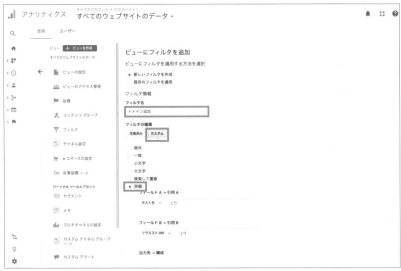

図6-7-9 **フィルタの設定1**

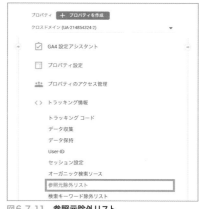

図6-7-10　**フィルタの設定2**

　UAは、ページをパスで表示するため、クロスドメインさせるウェブサイトでパス名が重複していると計測ができません。例えば、トップページのパスは「/（スラッシュ）」の1文字になるサイトが多いため支障が出ます。そのため、フィルタ設定で「ドメイン + パス」としてUAに記録されるように設定しています。

5. 「www.waca.world」と「www.waca.sg」のように、クロスドメインするウェブサイトのドメインが異なる場合は、参照元除外の設定をする必要があります。UAの管理画面「プロパティ」から「トラッキング情報」内にある「参照元除外設定」を選択してください。
※「www.waca.world」と「sub.waca.word」のようにサブドメインだけが異なる場合は、この設定は不要です。

図6-7-11　**参照元除外リスト**

6. 「+ 参照の除外を追加」ボタンをクリックしてください。

図6-7-12 **参照の除外を追加**

7. クロスドメインのUAプロパティに設定しているURLが「http://www.waca.
world」だった場合は、設定されていないURLである「http://www.waca.sg」の
ドメインを参照元の除外に追加します。サブドメインは不要なので「waca.sg」と
入力して「作成」ボタンをクリックしてください。

図6-7-13 **参照元から除外するドメインを追加**

GTMの変数設定

クロスドメイン設定

　GTMの左メニュー「変数」からユーザー定義変数を新規で作成します。「www.
waca.world」と「sub.waca.world」のように、サブドメインだけが異なる場合は
ここまでの設定で完了になります。「www.waca.world」と「www.waca.sg」のよ
うにドメインそのものが異なる場合は、「詳細設定」をクリックして「クロスドメイ
ントラッキング」の設定をしてください。

■クロスドメイン設定

変数のタイプ：Googleアナリティクス設定
トラッキングID：クロスドメイン用のUAプロパティID（UA-●●●●●●●●-●）
Cookieドメイン：auto

■クロスドメイン設定（ドメインが異なる場合のみの追加設定）

設定フィールド：（フィールド名）allowLinker　（値）true
クロスドメイントラッキング：
● 自動リンクドメイン：www.waca.world,www.waca.sg
● 区切り文字としてハッシュを使用：False
● 装飾フォーム：False

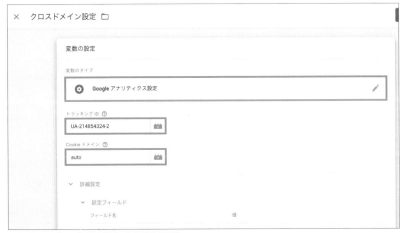

図6-7-14　**Google**アナリティクス設定の変数

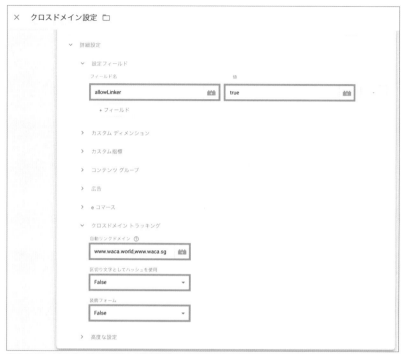

図6-7-15　**ドメインが異なる場合の追加設定**

GTMのタグ設定

クロスドメイン計測

GTMの左メニュー「タグ」から新しいタグを作成します。

■クロスドメイン計測(UA)

タグの種類：Googleアナリティクス：ユニバーサルアナリティクス
トラッキングタイプ：ページビュー
Googleアナリティクス設定：{{クロスドメイン設定}}
トリガー：All Pages

図6-7-16　クロスドメイン計測タグ

プレビューによる検証

1. GTMの「プレビュー」を実行して、クロスドメインの対象となる「http://www.waca.world」と「http://www.waca.sg」のウェブサイトにそれぞれアクセスしてください。Tag AssistantのSummary欄から「Container Loaded」をクリックして、右画面のTags Firedに作成したクロスドメイン計測のタグをクリックします。

図6-7-17　クロスドメイン計測タグの確認

2. 画面右上「Display Variables as」で「Values」を選択して、タグに表示されているデータが次のとおり取得できているか確認してください。

■クロスドメイン計測

（ドメインが異なる場合のみ）

Googleアナリティクス設定：

fieldName: "allowLinker", value: "true"

autoLinkDomains: "www.waca.world,www.waca.sg",

（サブドメイン・ドメインが異なる場合の共通項目）

trackinId: "UA-XXXXXXXXX-X"　※クロスドメイン用のUAプロパティID

図6-7-18　**クロスドメイン計測タグの確認（ドメインが異なる場合）**

　クロスドメインの対象となるウェブサイトの両方をプレビューでチェックして、値が確認できれば、GTMを公開して設定完了です。

関係者のアクセス除外設定

GAで計測するデータには、通常のユーザーのアクセス以外にも、ウェブサイトを運営している自社の社員や、外部の協力会社、GTMのプレビューを実行しているアクセスなどが含まれます。データを計測する目的は、ユーザーのニーズ・意図・不足点を推測して改善に役立てることなので、関係者のアクセスが混在するとノイズになります。

大企業や官公庁、大学などでは、インターネット上の住所に該当するIPアドレスが固定のケースが多いため、GAのフィルタ設定でIPアドレスを指定することで、関係者を除外できます。

しかし、固定のIPアドレスではない大半の事業者ではこの方法が使えないため、今回はCookieを利用して関係者のアクセスを除外する設定を紹介します。

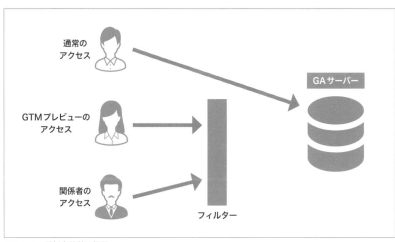

図6-8-1　関係者除外の概要

GAの設定

UAの関係者除外設定

1. UAの左メニュー「管理」から中央のプロパティ列の「カスタム定義」をクリックして、「カスタムディメンション」をクリックしてください。

図6-8-2　**UAの管理画面**

2.「+新しいカスタムディメンション」ボタンをクリックしてください。

カスタムディメンション名	インデックス	範囲	最新の変更
+新しいカスタムディメンション			🔍検索
記事執筆者	1	ヒット	2022/03/01
記事カテゴリー	2	ヒット	2022/03/01
残り17個のカスタムディメンション			

図6-8-3　**新しいカスタムディメンションの追加**

3.「カスタムディメンションを追加」の画面で次のとおり入力して、「作成」ボタンをクリックしてください。

名前：関係者除外
範囲：ユーザー
アクティブ：チェックを入れる

カスタム ディメンションを追加
名前
関係者除外
範囲
ユーザー
アクティブ
作成
キャンセル

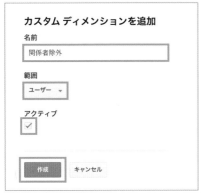

図6-8-4　**記事執筆者のカスタムディメンション設定**

4.「作成したカスタムディメンション」の画面が表示されるので、「完了」ボタンをクリックしてください。

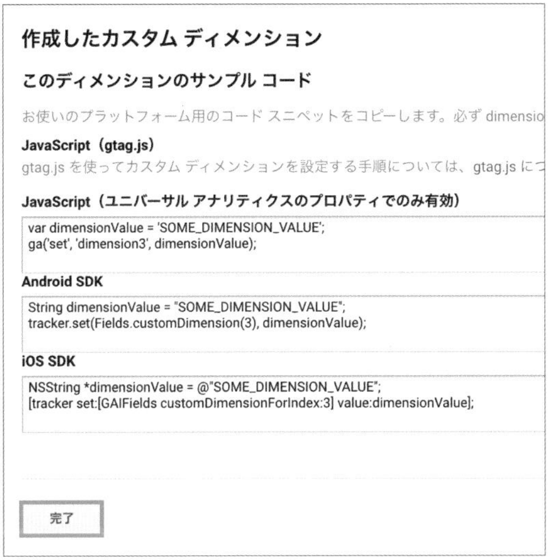

作成したカスタム ディメンション
このディメンションのサンプル コード
お使いのプラットフォーム用のコード スニペットをコピーします。必ず dimensio
JavaScript（gtag.js）
gtag.js を使ってカスタム ディメンションを設定する手順については、gtag.js につ
JavaScript（ユニバーサル アナリティクスのプロパティでのみ有効）
var dimensionValue = 'SOME_DIMENSION_VALUE';
ga('set', 'dimension3', dimensionValue);
Android SDK
String dimensionValue = "SOME_DIMENSION_VALUE";
tracker.set(Fields.customDimension(3), dimensionValue);
iOS SDK
NSString *dimensionValue = @"SOME_DIMENSION_VALUE";
[tracker set:[GAIFields customDimensionForIndex:3] value:dimensionValue];
完了

図6-8-5　**「作成したカスタムディメンション」の画面**

5. カスタムディメンションの追加が完了すると、カスタムディメンションの一覧が、表形式で表示されます。「関係者除外」の「インデックス」に記載されている数字を後ほど利用するので控えておいてください。

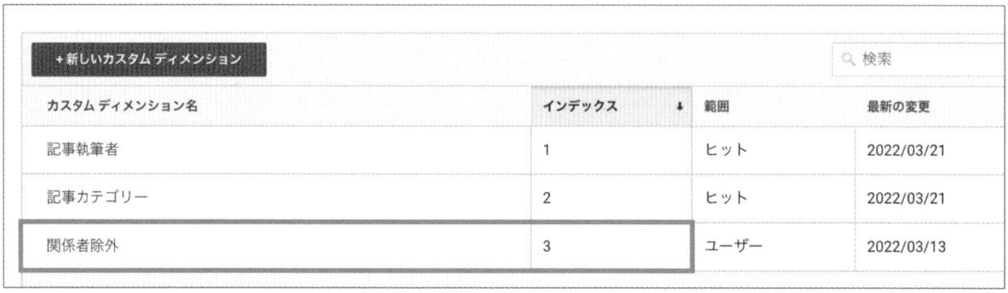

カスタムディメンション名	インデックス	範囲	最新の変更
+ 新しいカスタムディメンション			検索
記事執筆者	1	ヒット	2022/03/21
記事カテゴリー	2	ヒット	2022/03/21
関係者除外	3	ユーザー	2022/03/13

図6-8-6　**カスタムディメンションの一覧表**

6. UAの左メニュー「管理」から右のビュー列の「フィルタ」をクリックしてください。

図6-8-7　**ビューのフィルタ設定**

7.「+フィルタを追加」ボタンをクリックしてください。

図6-8-8　**フィルタの追加**

8. 次のとおりに設定して、「保存」ボタンをクリックしてください。今回は特定の
ページにアクセスした場合にCookieで「internal」と付与して、Cookieの有効期
限中はフィルタで除外します。また、GTMでプレビューを実行している場合のアク
セスは、GTMのデバッグモード変数を利用してフィルタで除外するので、
「developer」のフィルタも作成しておきます。このフィルタは、1つにまとめてフィ
ルタパターンを「internal|developer」と「"|"(OR)」で作成することも可能ですが、
ごく稀に「developerは除外せずにinternalだけ除外したい」といった、どちらか
1つだけを一時的に除外したいシチュエーションも考えられるので、分けておいた
ほうが便利です。

ビューにフィルタを適用する方法を選択：新しいフィルタを作成
フィルタ名：関係者除外
フィルタの種類：カスタム（除外）
フィルタフィールド：関係者除外
フィルタパターン：internal

ビューにフィルタを適用する方法を選択：新しいフィルタを作成
フィルタ名：開発者除外
フィルタの種類：カスタム（除外）
フィルタフィールド：関係者除外
フィルタパターン：developer

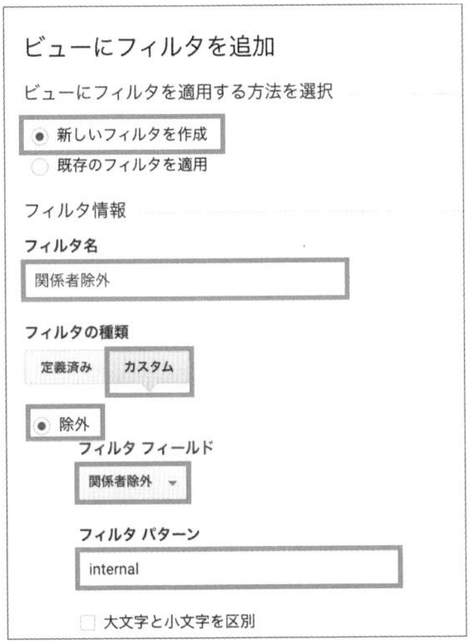

図6-8-9　**フィルタの設定（関係者除外の場合）**

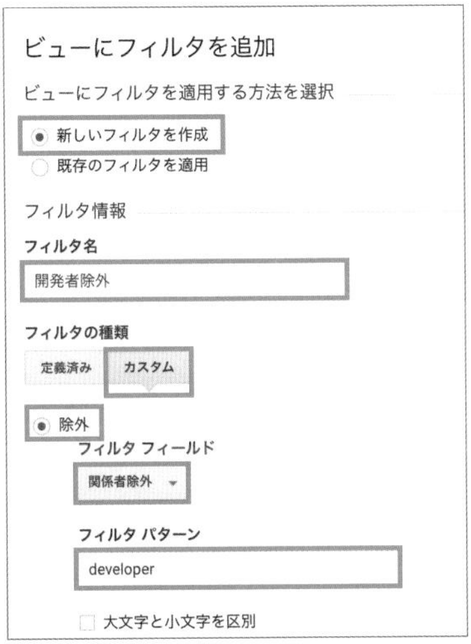

図6-8-10　**フィルタの設定（開発者除外の場合）**

GA4の関係者除外設定

1. GA4の左メニュー「管理」から中央のプロパティ列の「データ設定」をクリックして、「データフィルタ」をクリックしてください。

図6-8-11　**G4の管理画面**

2. 画面右上の「フィルタを作成」をクリックしてください。特定のページを見た人を除外する場合は、初期から設定されている「Internal Traffic」をそのまま利用します。「Internal Traffic」は、送信されたデータのイベントパラメータ「traffic_type」が「internal」の場合のデータを除外するフィルタです。ただ、GTMのプレビューモードのアクセスを除外するフィルタは新規で作成する必要があるため、ここで設定をします。

図6-8-12　**フィルタを作成**

3. 「デベロッパートラフィック」の右側の「選択」をクリックしてください。

図6-8-13 **フィルタの種類を選択**

4. 次のとおり設定して、「作成」ボタンをクリックしてください。デベロッパートラフィックはイベントパラメータ「debug_mode」もしくは「debug_event」の値が「1」の時にアクセスを除外するフィルタです。GTMでプレビューモードを実行すると、自動的に値が反映されます。「テスト」は動作確認用の状態でフィルタは有効にならず、アクセスが計測されるので注意してください。
※後のステップで「有効」に切り替えます。

データフィルタ名：Develper Traffic
フィルタオペレーション：除外
フィルタの状態：テスト

図6-8-14 **デベロッパートラフィックのフィルタ作成**

GTMの変数設定

デバッグモードの変数

GTMの左メニュー「変数」からユーザー定義変数を新規で作成します。デバッグモード変数は、GTMのプレビューを実行している場合に「true」、それ以外の場合に「false」を返す変数です。プレビューを実行してサイトを閲覧しているアクセスを、デバッグモードの変数の値で判別するために利用します。

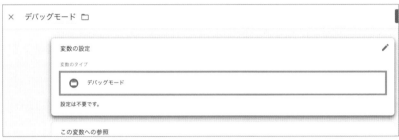

図6-8-15　**デバッグモードの変数**

関係者除外用Cookieの変数

GTMの左メニュー「変数」からユーザー定義変数を新規で作成します。後にカスタムHTMLタグで「gtm_traffic_type」という名前のCookieを付与する設定をします。そのCookieに格納されている値を受け取るための変数をここで作成しています。

図6-8-16　**関係者除外用Cookieの変数**

関係者除外用のルックアップ変数

GTMの左メニュー「変数」からユーザー定義変数を新規で作成します。先ほど作成したデバッグモード変数の値が、「true（プレビューを実行中）」の場合はプレビューモード実行中を表す「developer」を、「false（それ以外）」の場合は、「gtm_traffic_type」のCookieに値が格納されている場合に、その値を返します。

■ルックアップ_関係者除外
変数のタイプ：ルックアップテーブル
変数を入力：{{デバッグモード}}
ルックアップテーブル：

　　　1行目：（入力）true ／（出力）developer
　　　2行目：（入力）false ／（出力）{{Cookie_関係者除外}}

図6-8-17　**関係者除外用のルックアップ変数**

Googleアナリティクス変数（UAのみ）

GTMの左メニュー「変数」から既存のGooglaアナリティクス変数を編集します。関係者であれば、先ほど作成したルックアップテーブルから出力される値が、カスタムディメンションに送信される設定をします。

■Googleアナリティクスの導入 (GA4)　※Chapter 5（122ページ）参照

カスタムディメンション：インデックス 3 / ディメンションの値 {{ルックアップ_関係者除外}}

図6-8-18　**Google アナリティクス設定変数の編集**

GTMのトリガー設定

関係者除外トリガー

　GTMの左メニュー「トリガー」から新しいトリガーを作成します。プレビューモードを実行することがない関係者に、「http://www.waca.world/?internal=ture」のような「internal=true」というパラメータ付きのURLにアクセスしてもらうことで、アクセスを除外するための設定です。[6-1　オリジナルの変数作成]で作成した「ページパス＆パラメータ」変数を条件にしていますが、「Page URL」変数を利用しても問題ありません。

トリガーのタイプ：ページビュー

このトリガーの発生場所：一部のページビュー

条件設定：ページパス＆パラメータ　含む　internal=true

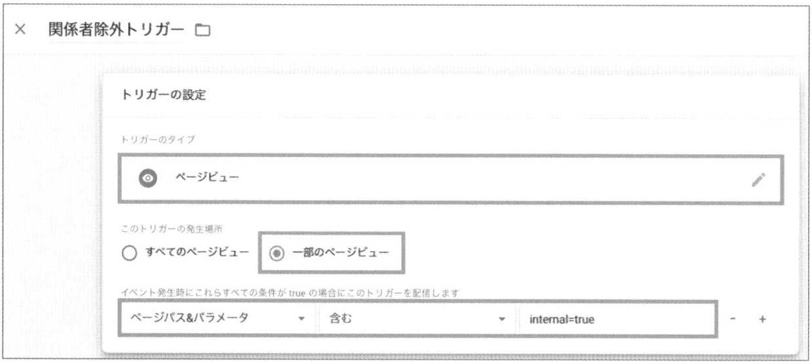

図6-8-19　**関係者除外トリガー**

GTMのタグ設定

関係者除外のCookie付与

　GTMの左メニュー「タグ」からタグを新規で作成します。トリガーで設定した「internal=true」が含まれたページを閲覧した関係者に、「gtm_traffic_type」という名前のCookieを付与します。また、「gtm_traffic_type」の中には「internal」という値が格納されていて、この値が付与されたユーザーは関係者として除外されます。

■関係者除外のCookie付与

タグの種類：カスタムHTML

カスタムHTML：

```
<script>
        var cName = "gtm_traffic_type";
        var cValue = "internal";
        var cDomain = location.hostname.replace(/^www\./i, "");
        var cPath = "/";
        var setExpire = 1000 * 60 * 60 * 24 * 730;
```

```
        var nDate = new Date();
        nDate.setTime(nDate.getTime() + cExpire);
        var cExpire = nDate.toUTCString();

        document.cookie = cName + "=" + cValue + ";expires=" + cExpire
+ ";path=" + cPath + ";domain=" + cDomain + ";";

</script>
```

トリガー：関係者除外トリガー

コードの内容を簡単に説明します。

■ var cName = "gtm_traffic_type";
Cookieの名前となる「gtm_traffic_type」を格納しています。

■ var cValue = "internal";
Cookieに格納する値「internal」を格納しています。

■ var cDomain = location.hostname.replace(/^www\./i, "");
Cookieへアクセス可能なドメインを格納します。ドメインが「www.」から始まる
場合は、「www.」は省いてから格納されます。ただし、実際にCookieに格納され
るドメインは先頭に「.(ドットが)」が付いて、「www.waca.world」→「.waca.
world」となります。

■ var cPath = "/";
Cookieへアクセス可能なパスを格納します。パスを「"/"」と指定することでサイ
ト内の全ページからアクセスが可能になります。

■ var setExpire = 1000 * 60 * 60 * 24 * 730;
Cookieの有効時間を設定しています。ここでは730日（2年間）をミリ秒に変換し
ています。ただ最近はCookieの制限や規制に伴い、AppleのSafariブラウザで閲
覧している場合は、強制的に有効期限が7日間に変更されます（2022年3月時点）。
指定した有効時間で必ず指定できるわけではないので注意してください。

■ var nDate～nDate.toUTCString();
setExpireで設定した有効時間を、期限となる年月日に変換しています。

■ document.cookie = 〜 + ";";

上記で設定した内容で、ユーザーにCookieを付与します。

図6-8-20　関係者除外のCookie付与

計測タグの編集（GA4）

　GTMの左メニュー「タグ」から、サイト全体を計測している「Googleアナリティクス:GA4設定」タグを編集して、次の設定を追加してください。UAとは異なり、GA4ではカスタムディメンションではなく、イベントパラメータ「traffic_type」に「internal」もしくは「developer」の値を送信します。

この設定が読み込まれるときにページビューイベントを送信する：チェックを入れる
設定フィールド：
（フィールド名）traffic_type /（値）{{ルックアップ_関係者除外}}

図6-8-21　計測タグの編集(GA4)

プレビューによる検証

1. GTMの「プレビュー」を実行して、トップページにアクセスします。Tag AssistantのSummary欄から「Container Loaded」をクリックしてください。右画面のTags Firedにあるウェブサイト全体を計測しているタグをクリックして、タグの送信内容を確認していきます。

図6-8-22　デモ環境のTag Assistant画面

2. 画面右上「Display Variables as」で「Values」を選択して、タグに表示され
ているデータが次のとおり取得できているか確認してください。

■Googleアナリティクス(UA)全PV計測
Googleアナリティクス設定内のdimension:
index: "3", dimension: "developer"

図6-8-23　ウェブサイト全体の計測タグ(UA)

■Googleアナリティクスの導入(GA4)
設定フィールド：name: "traffic_type", value: "developer"

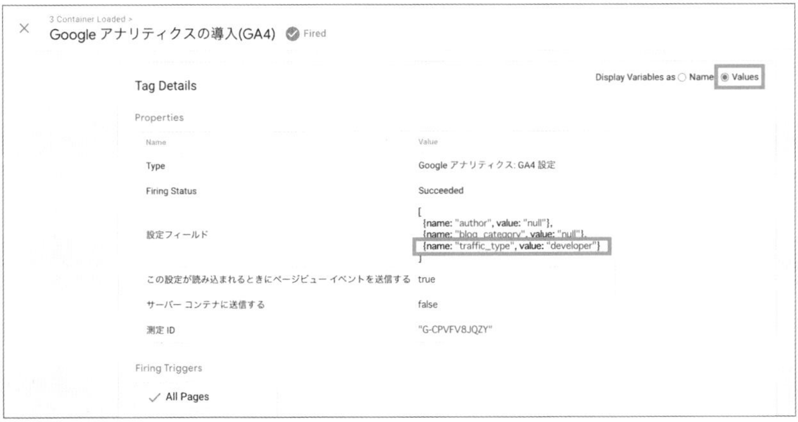

図6-8-24　ウェブサイト全体の計測タグ(GA4)

3. GA4の左メニュー「設定」から「DebugView」を選択すると、プレビュー中の
データの受信状況を確認できます。右側のタイムラインから「page_view」のイベ
ントをクリックすると、イベントパラメータ「debug_mode」に「1」が送信され
ていることがわかります。つまり、このページビューのイベントはプレビュー実行
中に発生したものであることを意味しています。

図6-8-25 GA4のデバッグビュー

4. GA4の左メニュー「管理」から「データフィルタ」の設定で、「Developer
Traffic」のフィルタを有効にします。

図6-8-26 Developer Trafficフィルタの有効化

5. 次に「internal=ture」のパラメータ付きのURLにアクセスした場合の関係者の除外を検証したいのですが、GTMのプレビューを実行すると「developer」に分類されてしまいます。厳密な検証ではなくなりますが、動作確認をするために「ルックアップ_関係者除外」変数の「true」と「false」を逆に入れ替えて保存します。

図6-8-27　関係者除外用のルックアップテーブルの変更

6. GTMの「プレビュー」を実行して、どのページでもいいので、URLの最後に「?internal=true」を追記してページを読み込んでください。

図6-8-28　関係者除外用ページへのアクセス

7. Tag AssistantのSummary欄から「Container Loaded」をクリックしてください。右画面のTags Firedに関係者除外用のCookieを付与するタグと、ウェブサイト全体を計測するタグが記載されているか確認して、計測タグをクリックしてください。

図6-8-29　**Tag Assistantの画面**

■Googleアナリティクス(UA)全PV計測
Googleアナリティクス設定内のdimension:
index: "3", dimension: "internal"

図6-8-30　**ウェブサイト全体の計測タグ(UA)**

■Googleアナリティクスの導入 (GA4)

設定フィールド：name: "traffic_type", value: "internal"

図6-8-31　**ウェブサイト全体の計測タグ (GA4)**

8. GA4の左メニュー「設定」から「DebugView」を選択します。右側のタイムラインから「page_view」のイベントをクリックすると、イベントパラメータ「traffic_type」に「internal」が送信されていることがわかります。これは、このページビューのイベントが関係者用のCookieが付与されている状態で発生したことを意味しています。

図6-8-32　**GA4のデバッグビュー**

9. ステップ5で変更した「ルックアップ_関係者除外」変数の「true」と「false」を元に戻して保存します。

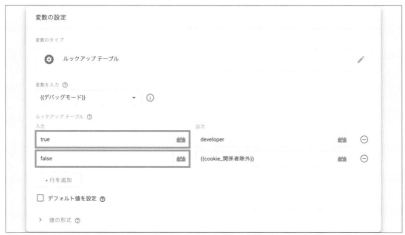

図6-8-33　**関係者除外用のルックアップテーブルを元に戻す**

10. GA4の左メニュー「管理」から「データフィルタ」の設定で、「Internal Traffic」のフィルタを有効にします。

図6-8-34　**Internal Traffic フィルタの有効化**

11. これでGTMを公開すれば設定は完了です。「Developer Traffic」フィルタは GTMのプレビューモード時にだけ動作するため、プレビューモードを解除すれば計測されるようになります。ただ、「Internal Traffic」の場合は、ブラウザに保存されたCookieを削除する必要があります。

　Cookieの削除については、該当のウェブサイト上で右クリックをして「検証」を選択してください。検証画面上部の「アプリケーション」をクリックすると、左の一覧に「Cookie」と該当のウェブサイトのURLが表示されます。URLをクリックすると画面右にCookieの一覧が表示されるので、「gtm_traffic_type」と「internal」が記載されている行を削除すると、「Internal Traffic」フィルタは無効になります。

　また、関係除外用のCookieはSafariブラウザでは7日間で無効になります（2022年3月時点）。関係者にURLを周知する場合は、パラメータ付きURLのままブックマークに保存してもらうなどの工夫が必要となりますので、注意してください。

図6-8-35　**関係者除外Cookieの削除**

（参考）固定IPアドレスの除外設定

固定IPアドレスで関係者除外をする際の、UA・GA4の設定例を紹介します。

■ UAの場合
① 左メニュー「管理」をクリック
② ビュー列「フィルタ」を選択後に「+フィルタを追加」ボタンをクリックして下記を入力

フィルタ名：任意の名称
フィルタの種類：定義済み　除外　IPアドレスからのトラフィック　等しい
IPアドレス：固定IPアドレスを入力

図6-8-36　UAの固定IPアドレス除外

■ GA4の場合
① 左メニュー「管理」→　プロパティ列「データとストリーム」で対象のストリームを選択
② 画面最下部の「タグ付の詳細設定」をクリック
④「内部トラフィック」の定義を選択後に、「作成」ボタンをクリックして下記を入力

ルール名：任意の名称
マッチタイプ：IP アドレスが次と等しい
IPアドレス：固定IPアドレスを入力

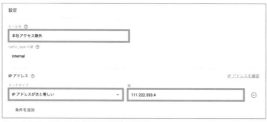

図6-8-37　GA4の固定IPアドレス除外

Appendix

現場で役立つTips

Appendixでは、Google タグマネージャーやGoogle
アナリティクスの運用において、ほかの章で解説でき
なかったものをまとめて紹介します。

Googleタグマネージャーの
コンテナの種類

このChapterではGoogleタグマネージャー（以下、GTM）の数あるコンテナのうち、「ウェブ」に限定した内容となっていますが、コンテナにはほかにも種類があります。

iOSとAndroidのコンテナは、スマートフォンアプリでGTMを利用する場合に用いられます。Firebase SDKと呼ばれるアプリ開発用のキットとGTMが連携することによって、Firebase向けのGoogleアナリティクスのイベント、パラメータ、およびユーザープロパティを使用します。

AMPのコンテナは、「AMP（Accelerated Mobile Pages）」と呼ばれる、ウェブサイトを高速表示させる仕組に対応したウェブサイトで、GTMを利用する場合に用いられます。対象がウェブサイトであるため、「ウェブ」コンテナに一番近い位置づけにはなりますが、AMPに対応したページはCSSやJavaScriptの使用が一部制限されるため、タグやトリガーの種類も「ウェブ」コンテナと比較すると差異があります。

最後にServerコンテナですが、コンテナの中では一番新しく、いま非常に注目を集めているコンテナです。ウェブサイトやアプリで行っている処理を、Google Cloud経由でサーバーサイドでの処理にすることで、ウェブサイトやアプリのパフォーマンスの向上や、セキュリティの向上、収集したデータのセキュリティ強化などがメリットとして挙げられます。個人情報の保護やCookieの規制がますます厳格化されている中で、Serverコンテナに活路を見出そうとする動きが今後増えていくでしょう。ただ、デメリットとしては、「ウェブ」コンテナのように気軽に設定できるものではなく技術的な難易度が高い点や、Googleのクラウドサーバーを有償で利用する必要がある点が挙げられます。

図A-1-1　GTMのコンテナ

GTMのプレビューモードが
動かない場合

GTMのプレビューを実行しても、ウェブサイトと接続できない現象が稀に発生します。さまざまな原因がありますが、もし接続できない場合は次に挙げる方法を試してみてください。

①ウェブサイトにGTMのコンテナがインストールされているかを確認する

まずはGTMコンテナのコードがウェブサイトに記載されているかを確認してください。GTMの導入をうっかり忘れているケースが散見されます。また、コードの一部を間違えてコピーペーストしてしまったケースや、ほかのウェブサイトのコンテナを入れているケースもありました。「そんなミスするわけがない」と思われるかもしれませんが、今一度確認してみてください。

②推奨ブラウザを利用していない

Googleアナリティクス（以下、GA）やGTMを利用する場合は、基本的にChromeの利用を推奨します。とくに、標準で広告ブロック機能が実装されているブラウザ（Braveなど）などはNGです。

③広告ブロッカーをOFFにする

ウェブブラウザの拡張機能（アドオン）で広告ブロッカーを利用している場合は、OFFにしてください。

④Googleアカウントをログアウトして再ログインする

ほかの要因で解消されたかもしれないので偶然かもしれませんが、これで解消できたことが実際にありました。このほかに、ブラウザやパソコンを完全に終了してから再起動などでも解消できる場合があります。

⑤シークレットウィンドウを利用する

キャッシュやCookieの影響を排除するために、ChromeのシークレットウィンドウでGTMにログインしてプレビューを試してみてください。

⑥「Include debug signal in the URL」のチェックを外す

　GTMでプレビューを実行した後に表示される「Connect Tag Assistant to your site」のポップアップ画面の最下部にある「Include debug signal in the URL」のチェックを外して「Connect」ボタンをクリックしてください。

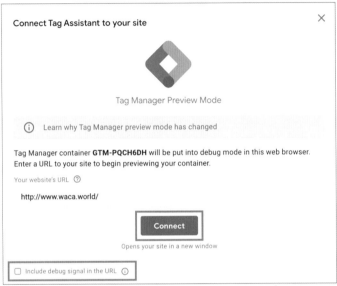

図A-2-1　**Connect Tag Assistant to your site の画面**

Google Tag Assistantの 使い方

Google Tag AssistantはGoogle Chromeの拡張機能です。サイトに実装されているトラッキングコードの動作を検証し、不具合時のトラブルシューティングを行い、タグの動作を簡単かつ迅速に確認できます。

※本書執筆時点ではUAのみ対応しており、GA4には対応していません。

Google Tag Assistantを利用すると、サイト上のユーザー行動（フロー）を記録して問題がないかをチェックし、その結果をレポートとして閲覧できます。不具合や改善箇所があった場合は、その問題点についても表示されます。

拡張機能をインストールすると、青いGoogle Tag Assistantのアイコンが表示されます。

Google Tag Assistantの使い方

デフォルトでは、Google Tag Assistantは「スリープモード」になっているため作動はせず、サイト内での行動はチェックされません。有効にするには、「青いタグアイコン」をクリックしてから「Enable」をクリックします。

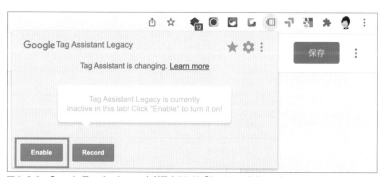

図A-3-1　Google Tag Assistantを利用するには「Enable」をクリック

「Enable」をクリックしたらページを更新しましょう。そのページにGAなどのGoogle関連サービスが実装されている場合、Google Tag Assistantのアイコンに見つかったタグの数字が表示されます。

　Google Tag Assistantのアイコンをもう一度クリックすると、見つかったすべてのタグの一覧が表示されます。表示されたタグ部分をクリックすると、タグで取得されたデータ、改善できる問題点、発生したイベント数などがわかります。

※Google Tag Assistantによって検出される「タグ」は、サイトに埋め込んでいるGoogle関連サービスのタグです。つまり、GTM自体もGoogle Tag Assistant内では1つの「タグ」と見なされます。そのため、GTM内で設定したタグをデバッグし、変数やトリガーなどを確認する場合は、GTMのプレビュー機能を使用しましょう。

Google Tag Assistantが示す色

　Google Tag Assistantのアイコンは、タグの動作状況に応じて色が変わります。Google Tag Assistantを有効化してページを更新すると、アイコンの色が次の4つのいずれかに変わります。

図A-3-2　アイコンの色の表示例

タグの色の意味

「赤色」：タグ（たとえばGoogle 広告コンバージョンタグなど）に、対処する必要のある重大な問題があることを意味しています。赤いアイコンをクリックして問題点の詳細、修正方法を確認しましょう。

「黄色」：計測データに影響を及ぼす可能性のある問題があり、対処する必要があることを意味しています。問題点に対処しなければ、計測データの不一致が発生する可能性があります。

「青色」：軽微な問題点を意味します。赤色や黄色の問題ほど深刻ではありませんが、タグの動作状況を確認するのをおすすめします。

「緑色」：タグに問題がなく正常に動作していることを意味しています。

それぞれのタグをクリックすると詳細を確認できます。

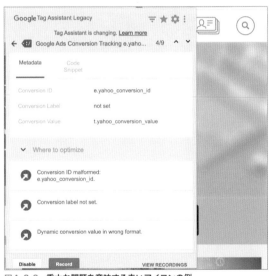

図A-3-3　**重大な問題を意味する赤いアイコンの例**

行動記録

　Google Tag Assistantのもう1つの機能として、サイト上の行動を記録する機能があります。サイト上の行動、つまりセッションを記録することで、サイトに設置したタグが想定どおりに機能しているかを検証できます。

たとえばeコマースサイトの場合、商品の選択、注文、支払いに必要なページを手順通り実行して記録することで、それらの一連の行動をイベント/ページビューとして確認できます。一連の行動の中でタグにエラーが発生している場合、発生したエラー、発生した場所などを確認できます。行動記録を計測するには、Google Tag Assistantアイコンをクリックし、「Record」ボタンをクリックします。

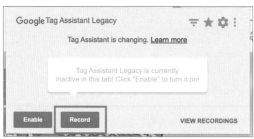

図A-3-4　行動記録を計測するには「Record」ボタンをクリック

　ページを更新すると記録が始まり、セッション全体をとおしてGoogle Tag Assistantアイコンに赤い点が付きます。記録を停止する場合は、Google Tag Assistantアイコンをクリックすると赤い「STOP RECORDING」ボタンが表示されるのでクリックしましょう。

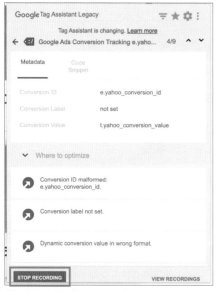

図A-3-5　記録を停止するには「STOP RECORDING」ボタンをクリック

「Show Full Report」ボタンをクリックすることで、記録したセッションの一覧を閲覧するレポートが表示されます。

図A-3-6　記録したセッションの一覧を閲覧するには「Show Full Report」ボタンをクリック

Google Tag Assistantレポート

「Show Full Report」をクリックして表示されたレポートでは、そのセッション中の行動について細かく情報を閲覧できます。具体的には次の2種類のレポートを閲覧できます。

1. TAG ASSISTANT REPORT
2. GOOGLE ANALYTICS REPORT

※Google オプトアウトアドオン拡張機能をブラウザで有効化している場合は「No hits were found in this recording.」エラーが表示され、GOOGLE ANALYTICS REPORTが閲覧できません。拡張機能を一度無効化してから再度やり直してみましょう。

TAG ASSISTANT REPORTには、記録中に閲覧した全ページで発生したタグの状況が表示されます。左側メニューから、フィルタやビューの切り替えなどの絞り込みができます。

● タグのフィルタリング

図A-3-7　左側メニューより参照するタグの選択を行う

● ビューの切り替え

確認するビューを選択するとレポートが表示されます。エラーがある場合は、アラートが表示されます。

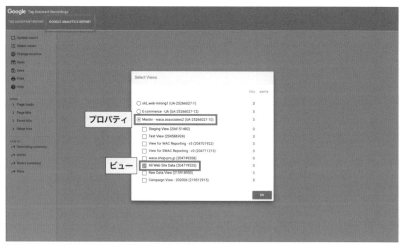

図A-3-8　参照するプロパティとビューの選択を行う

GOOGLE ANALYTICS REPORTのFlowでは、セッションの一連の行動を閲覧できます。展開することでヒット数や参照元、カスタムディメンションで取得されたデータなど、細かく情報を把握できます。

図A-3-9　セッションの一連の行動を細かく閲覧できる画面

● Flowレポートの見方

Page load	
項目	解説
URL	読み込まれたページのURL
Time	ページ読み込みが発生した時間。Page load 1が始点で、読み込みが始まった日付と時間が表示される。以降のPage loadは、Page load 1が発生してからの経過時間が表示される
Hits	ページ読み込み時に生成されたヒット数と、ヒットを受信したプロパティの数

Page Hit	
項目	解説
Time	Page load 1が発生してから経過した時間
Hit URL	Googleアナリティクスに送られたヒットのURL。クリックすることで完全なURLを確認できる
Title	ページタイトル
URI	送信されたヒットのURI
Hostname	ヒットのホスト名
Event information	ヒットにより送信される、イベントの情報
Custom Dimensions	ヒットにより設定された、カスタムディメンションや指標の値

A-4

ユニバーサルアナリティクスの
非インタラクションヒット

　ユニバーサルアナリティクス(以下、UA)のタグで、トラッキングタイプを「イベント」にした場合、「非インタラクションヒット」のセレクトボックスが表示されます。セレクトボックスは「真」「偽」「変数」が記載されていますが、基本的には「真」と「偽」のみを利用します。

　例えば、ユーザーがランディングページ(ウェブサイトの1ページ目)にアクセスして、次のページに遷移せずに離脱した場合、UAでは「直帰」としてカウントされます。一口に直帰と言っても、まったくページに関心がなくて直帰する場合もあれば、ランディングページを上から下まで熟読したり、アコーディオン(クリックすると下に開く要素)をクリックして詳細を見た後に直帰したりする場合もあります。とくに後者のようにユーザーから一定以上の関心が得られたアクションは「インタラクションヒット」と呼ばれています。直帰とカウントされる状況でもインタラクションヒットが発生した場合は、原則として直帰としてカウントされないため、GA上の直帰数・直帰率に影響を及ぼします。

　この「非インタラクションヒット」の設定項目は、頭に「非」と付いているので、「インタラクションヒットではない」ことを表しています。それを「はい(真)」か「いいえ(偽)」で分類するのがこの設定です。

　「真」に設定した場合は、「インタラクションヒットではない＝はい」になるので、ランディングページ内で何をしようとも、次のページに遷移しなければ直帰となります。

　「偽」に設定した場合は、「インタラクションヒットではない＝いいえ」となり、すなわち「インタラクションヒットである」ことを意味するので、次のページに遷移しなくても直帰とカウントされません。

　本書のChapter 6で紹介した「精読ページビュー数」では、非インタラクションヒットを「偽」に設定しています。精読ページビュー数はコンテンツ本文を上から下まで指定した時間以上に読んだ場合にカウントされるため、ユーザーの関心を得

られたと判断しているからです。

　インタラクションヒットは、絶対に正しい基準があるわけではないので、どのように設定するかは、設定した人の自由です。本書では私の判断のもとで「真」と「偽」を使い分けていますが、前述の解釈が違うと感じた場合は任意で変更していただいて構いません。

　先頭に「非」とついているため、マイナスのマイナスがプラスになるのと同じで、少し頭が混乱するかもしれませんが、設定を積み重ねるうちに慣れてきますので、ぜひ覚えておいてください。

図A-4-1　UAの非インタラクションヒット

A-5

カスタムレポートの作成方法

UAの場合

1. UAの左メニュー「カスタム」内にある「カスタムレポート」をクリックすると、右画面に「+新しいカスタムレポート」ボタンが表示されるのでクリックします。

図A-5-1　新しいカスタムレポートの作成

2. カスタムレポートではディメンションと指標を組み合わせてデータを分析できます。ここでは、Chapter 6で作成した記事執筆者のディメンションを設定してみましょう。「+ディメンションを追加」ボタンをクリックするとディメンション一覧が表示されますが、数が多いため探すのに時間がかかります。そこで、上部の検索窓に「執筆者」と入力すると、「記事執筆者」がすぐに表示されるのでクリックします。

図A-5-2　記事執筆者のディメンションを追加

3. ステップ2と同じ手順で、次の設定をして保存します。

タイトル：ブログ記事分析
種類：フラットテーブル
ディメンション：記事執筆者、記事カテゴリー、ページタイトル
指標：ページビュー数、精読ページビュー数
フィルタ：除外　記事執筆者　完全一致　null

図A-5-3　**ブログ記事分析のカスタムレポート**

4. 設定したディメンションと指標を元にしてデータが表示されます。

図A-5-4　**カスタムレポートの表示例**

GA4の場合

1. GA4の左メニュー「探索」をクリックすると、右画面に「空白」で記載された
サムネイル画像が表示されるので、クリックしてください。

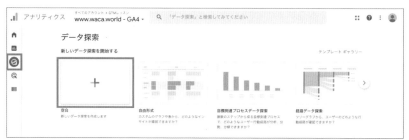

図A-5-5　**GA4の探索画面**

2. 探索の左メニューに「ディメンション」の項目があるので、「+」ボタンをクリッ
クします。

図A-5-6　**ディメンションのインポート**

3.「カスタム」タブから、「カスタム」をクリックすると、Chapter 6で作成した「記
事カテゴリー」と「記事執筆者」が表示されるので、チェックを入れます。

図A-5-7　**カスタムを選択**

4.「事前定義」タブから、「ページ/スクリーン」をクリックすると、「ページタイト
ル」が表示されるので、チェックを入れてインポートをクリックします。

図A-5-8　ページタイトルを選択

5. 探索の左メニューの「指標」にある「+」ボタンをクリックします。

図A-5-9　指標のインポート

6.「カスタム」タブから、「カスタム」をクリックすると、Chapter 6で作成した「精
読ページビュー数」が表示されるので、チェックを入れます。

図A-5-10　カスタムを選択

7.「事前定義」タブから、「ページ/スクリーン」をクリックすると、「表示回数」が表示されるので、チェックを入れてインポートをクリックします。

図A-5-11　表示回数を選択

8.「変数」列のディメンション欄に、インポートしたディメンションが表示されるので、右隣の「タブの設定」列にある「行」にドラッグします。

図A-5-12　ディメンションを行に配置

9.「変数」列の指標欄に、インポートした指標が表示されるので、右隣の「タブの設定」列にある「値」にドラッグします。

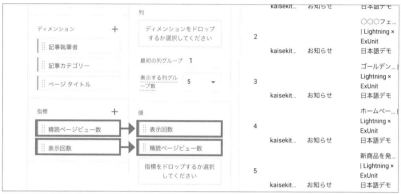

図A-5-13 **指標を値に配置**

10.「タブの設定」欄のフィルタに記載されている「ディメンションや指標を〜」をクリックして、「記事執筆者」を選択します。

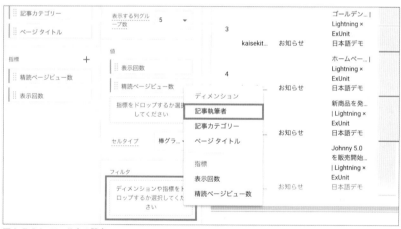

図A-5-14 **フィルタの設定**

11. フィルタの条件を「完全一致しない」に設定して、値に「null」を入力して「適用」をクリックします。

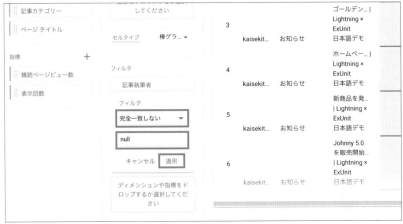

図A-5-15　**フィルタの条件設定**

12. すべての設定が完了すると、次のようなレポートが表示されます。最初の状態ではレポートの画面が狭いので、「変数」「タブの設定」欄の見出し部分の右に表示されている「＿（アンダーバー）」をクリックすると、レポートの幅を拡大して表示できます。

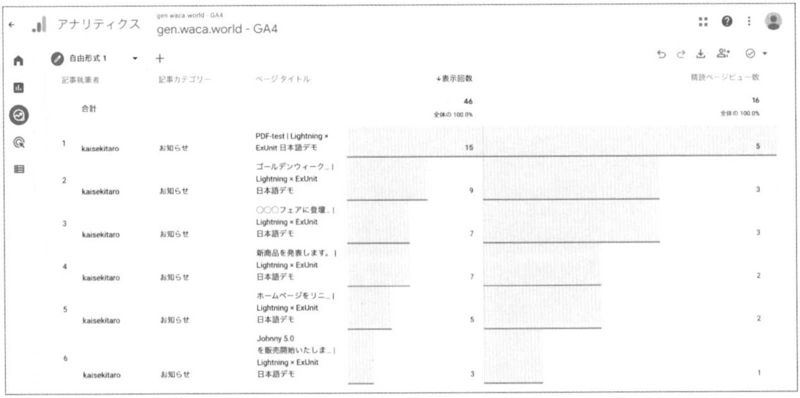

図A-5-16　**探索レポート**

WordPressでの GTMの導入方法

Chapter 3では、WordPressにGTMを導入するにあたって、Lightningテーマの機能を利用しましたが、Lightning以外のテーマを利用している場合の導入方法について紹介します。なお、導入にあたっては、データの二重計測にならないように、GTMやGoogleアナリティクスなどの解析のタグを導入していないか、必ず確認しましょう。

Google Tag Manager for WP

WordPressでGTMを使用したいときにおすすめのプラグインとして、「Google Tag Manager for WP」(以下、GTM4WP)というプラグインが挙げられます。実際にGTM4WPをインストールしてみましょう。

1. GTMのサマリー画面で、画面上部に「GTM-」から始まるコンテナIDをコピーします。

図A-6-1　**GTMのコンテナIDをコピー**

2. WordPressの管理画面にログインして、左メニュー「プラグイン」から新規追加を選択します。右画面の検索窓に「google tag manager」と入力すると、「Google Tag Manger for WordPress」が表示されるので、「今すぐインストール」をクリックします。インストール完了後に「有効化」ボタンが表示されるので、クリックして有効化します。

図A-6-2　**GTM4WPの新規追加**

3. WordPress管理画面の左メニュー「設定」に「Google Tag Manager」が新規追加されるので、クリックします。

図A-6-3　**WordPressメニューの設定**

4. 「General」タブ内の「Google Tag Manager ID」にステップ1でコピーしたGTMのコンテナIDをペーストします。「Container code part placement」は初期設定の「Footer of the page」を選択して、「変更を保存」ボタンをクリックすると設定は完了です。

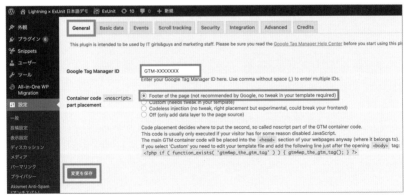

図A-6-4　**GTM4WPの設定**

GTM4WPは、簡単にGTMを導入できる点や、記事の執筆者名やカテゴリー、投稿日などを送信する仕組みが標準で備わっています。その反面、Googleの推奨とは異なる場所にGTMのコードを設置するため、実行したい動作によっては支障が出る可能性があります。通常の計測においては問題ありませんが、その点だけ注意してご利用ください。

Code Snippets

　プラグインなしでWordPressにGTMを導入する場合は、function.phpやheader.phpにインストール用のコードを記述する必要があります。しかし、利用しているテーマが更新されるとGTMのコードが消える場合があるため、WordPressに詳しくない方には推奨できません。

　「Code Snippets」プラグインは、function.phpに記載するのと同じ効果があり、かつテーマの更新の影響を回避できます。また、GTM4WPとは異なりGoogleが推奨する位置にGTMコードを記載できるメリットもあります。ここでは「Code Snippets」プラグインでGTMを導入する方法を紹介します。

1. GTMのサマリー画面で、画面上部に「GTM-」から始まるコンテナIDをクリックします。

図A-6-5　**GTMのコンテナIDをクリック**

2. GTMインストール用のコードで「<head>用」と「<body>用」の2種類が表示されるので、それぞれコピーして控えておきます。

```
<!-- Google Tag Manager -->
<script>(function(w,d,s,l,i){w[l]=w[l]||[];w[l].push({'gtm.start':
new Date().getTime(),event:'gtm.js'});var f=d.getElementsByTagName(s)[0],
j=d.createElement(s),dl=l!='dataLayer'?'&l='+l:'';j.async=true;j.src=
'https://www.googletagmanager.com/gtm.js?id='+i+dl;f.parentNode.insertBefore(j,f);
})(window,document,'script','dataLayer','GTM-XXXXXXX');</script>
<!-- End Google Tag Manager -->
```

<head>用のコード

また、開始タグ <body> の直後にこのコードを次のように貼り付けてください。

```
<!-- Google Tag Manager (noscript) -->
<noscript><iframe src="https://www.googletagmanager.com/ns.html?id=GTM-XXXXXXX"
height="0" width="0" style="display:none;visibility:hidden"></iframe></noscript>
<!-- End Google Tag Manager (noscript) -->
```

<body>用のコード

図A-6-6　GTMのコンテナコードをコピー

3. WordPressの管理画面にログインして、左メニュー「プラグイン」から新規追加を選択します。右画面の検索窓に「code snippets」と入力すると、「Code Snippets」が表示されるので、「今すぐインストール」をクリックします。インストール完了後に「有効化」ボタンが表示されるので、クリックして有効化します。

図A-6-7　Code Snippetsの新規追加

4. WordPress管理画面の左メニューに「Snippets」が新規追加されるので、「Add New」をクリックします。

図A-6-8　Snippetsの新規作成

5. 次のとおり入力して、「Only run on site front-end」を選択します。

タイトル：GTM Snippets

Code：

```
function add_gtm_head_snippet() { ?>

<?php }
add_action('wp_head', 'add_gtm_head_snippet');

function add_gtm_body_snippet() { ?>

<?php }
add_action('wp_body_open', 'add_gtm_body_snippet');
```

図A-6-9　**GTM用スニペットの作成**

6. ステップ2でコピーした<head>用のコードは「function add_gtm_head_
snippet() { ?>」の下の行に、<body>用のコードは「function add_gtm_body_
snippet() { ?>」の下の行にそれぞれ貼り付けます。貼り付けが完了すれば、「Save
Changes」ボタンをクリックして、最後に「Acivate」ボタンをクリックすれば設
定は完了です。

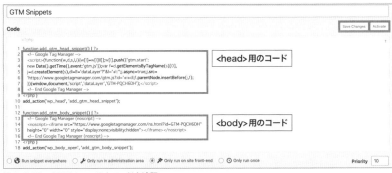

図A-6-10　**GTMのコンテナコードを追記**

GTMの命名ルールについて

　GTMの運用にあたって、複数人で運用する場合や、タグ・トリガー・変数の数が膨大になる場合が考えられます。例えば、運用担当者がタグに規則性のない自由な名前を設定すると、どのタグが何の役割を果たすのかを確認するために、わざわざタグの設定内容を確認する必要があるため、運用の効率が悪くなる可能性があります。

　このような問題を解決するために、タグ・トリガー・変数に名前をつける時は命名規則を定めて運用することが望ましいです。ここでは、すべてではありませんが、命名規則の一例を紹介します。

タグ（接頭辞はすべて大文字）	
タグの種類	**命名規則**
Googleアナリティクス：ユニバーサルアナリティクス ※トラッキングタイプ：ページビュー	UA - PV - ●●●●
Googleアナリティクス：ユニバーサルアナリティクス ※トラッキングタイプ：イベント	UA - EV - ●●●●
Googleアナリティクス：GA4設定	GA4 - SET - ●●●●
Googleアナリティクス：GA4イベント	GA4 - EV - ●●●●
Google広告のコンバージョントラッキング ※リスティング広告の場合	ADW - CV - CPC - ●●●●
Google広告のコンバージョントラッキング ※ディスプレイ広告の場合	ADW - CV - DSP - ●●●●
Google広告のリマーケティング	ADW - RM - ●●●●
カスタムHTML	HTML - ●●●●
Google Optimize	GOPT - ●●●●
Google Survey	GSRVY - ●●●●

トリガー（接頭辞は単語の先頭だけ大文字）	
トリガーの種類	命名規則
DOM Ready	Dom - ●●●●
ページビュー	PageView - ●●●●
すべての要素	Click - ●●●●
リンクのみ	LinkClick - ●●●●
スクロール距離	Scroll - ●●●●
要素の表示	Element - ●●●●
カスタムイベント	Custom - ●●●●
タイマー	Timer - ●●●●
トリガーグループ	Group - ●●●●

変数（接頭辞はすべて小文字）	
変数の種類	命名規則
HTTP参照	http - ●●●●
URL	url - ●●●●
JavaScript変数	jsv - ●●●●
カスタムJavaScript	cjs - ●●●●
データレイヤーの変数	dlv - ●●●●
ファーストパーティCookie	cookie - ●●●●
DOM要素	dom - ●●●●
自動イベント変数	aev - ●●●●
要素の視認性	evis - ●●●●
Googleアナリティクス設定	gaset - ●●●●
カスタムイベント	cev - ●●●●
ルックアップテーブル	lut - ●●●●

A-7

例えば、タグの名前を命名規則によって変更する前後の比較を図示します。命名規則前は、タグのタイプに関わらず名前の昇順で一覧がデフォルトで表示されます（タイプの見出しをクリックすることでタイプの昇順に並べ替えることは可能です）。タグの数が少ない場合は問題ありませんが、数が増えてくるにつれて、どのタグがどこにあるかを探すために検索を使う手間が発生します。それに対して、命名規則後は、タグの検索機能やタイプの昇順並び替えをすることなく、タグの画面を開いた最初の状態からタグがタイプごとに並んでいるため、わずかな差にはなりますが、タグを探す手間を減らせます。

　また、複数人でGTMを管理する場合は、一定のルールがなければ「どのタグは何の役割を果たしているのか」が名前を見ただけでは判断できなくなる可能性が高くなります。そのため、複数人でのプロジェクト運用においてもタグ・トリガー・変数の命名規則を決めて管理や運用することが望ましいです。

命名規則前

命名規則後

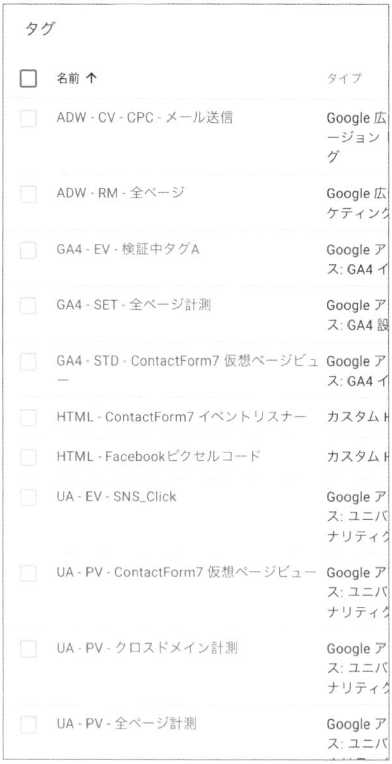

図A-7-1　命名規則によるタグ一覧の比較

また、もう少し踏み込んだ話になりますが、先ほど紹介した命名規則を利用した場合でも、タグ・トリガー・変数をプロジェクトや案件ごとにフォルダで分類している場合は、次図左の「対処前」のように、種類を問わずフォルダ内で名前の昇順に沿って一覧が表示されます。この場合も、フォルダ内の要素が増えるにつれて、可読性や検索性が下がるため、次図右の「対処後」のように、タグの先頭に「#」、トリガーの先頭に「%」、変数の前に「*」などの記号を付け加えることで、要素の種類ごと昇順で表示できます。

また、公開前にタグ・トリガー・変数を何度も修正する場合は、修正する度に該当の要素を探す手間が発生します。そのため、テストを頻繁に実施する要素については、先頭に「!」を付け加えると、昇順で一番先頭に表示されるため、非常に便利です。

対処前

名前 ↑	タイプ
ADW - CV - CPC - メール送信	Tag
ADW - RM - 全ページ	Tag
GA4 - EV - 検証中タグA	Tag
GA4 - SET - 全ページ計測	Tag
gset - UA-XXXXXXXX-X	Variable
LinkClick - 外部リンククリック	Trigger
PageView - Page Path - /contact/	Trigger
UA - PV - 全ページ計測	Tag
コンバージョンリンカー	Tag

Googleアナリティクス (9)

対処後

名前 ↑	タイプ
!#GA4 - EV - 検証中タグA	Tag
#ADW - CV - CPC - メール送信	Tag
#ADW - RM - 全ページ	Tag
#GA4 - SET - 全ページ計測	Tag
#UA - PV - 全ページ計測	Tag
#コンバージョンリンカー	Tag
%LinkClick - 外部リンククリック	Trigger
%PageView - Page Path - /contact/	Trigger
*gset - UA-XXXXXXXX-X	Variable

Googleアナリティクス (9)

図A-7-2　**フォルダ内での一覧表示の比較**

INDEX

STAFF

ブックデザイン：三宮 晩子（Highcolor）
DTP：富 宗治
編集：畠山 龍次

現場で使える
ゲン バ ツカ
Googleタグマネージャー実践入門
グ ー グ ル ジッセンニュウモン

2022年6月20日　初版第1刷発行
2024年2月2日　　初版第4刷発行

著者　　　　神谷 英男、石本 憲貴、礒崎 将一
監修　　　　小川 卓
発行者　　　角竹 輝紀
発行所　　　株式会社 マイナビ出版
　　　　　　〒101-0003　東京都千代田区一ツ橋2-6-3　一ツ橋ビル 2F
　　　　　　TEL：0480-38-6872（注文専用ダイヤル）
　　　　　　TEL：03-3556-2731（販売部）
　　　　　　TEL：03-3556-2736（編集部）
　　　　　　編集部問い合わせ先：pc-books@mynavi.jp
　　　　　　URL：https://book.mynavi.jp
印刷・製本　シナノ印刷株式会社